Pierre Faucher
Chronique d'une vie enracinée

Florence Buathier

Édité par

Le 23 mars 2013

Jean – Voici en quelques mots le pourquoi et la raison d'être de ma petite vie –

Paul Faucher –

« Je suis un arbre déraciné qui, un jour, prendra racine en terre de chez nous. »

Pierre Faucher

Pierre Faucher
Chronique d'une vie enracinée
Florence Buathier

Conception graphique et coordination : Claude Janet
Infographie : Brigitte Ayotte
Impression et finition : Back Stage Média
Photographies : collection privée Pierre Faucher

Sucrerie de la Montagne
300, chemin Saint-Georges,
CP 1540, Rigaud, Qc, J0P 1P0
Tél. 450 451-0831
Téléc. : 450 451.0340
info@sucreriedelamontagne.com
www.sucreriedelamontagne.com

© Tous droits réservés.
Reproduction interdite pour tous pays,
par quelque procédé que ce soit,
sans l'autorisation écrite de l'éditeur.

Dépôt légal 1er trimestre 2013
Bibliothèque et Archives nationales du Québec, 2013
Bibliothèque et Archives Canada, 2013
ISBN 978-0-9878752-2-8
Imprimé au Canada

NOTE DE L'ÉDITEUR
On trouvera dans le glossaire une définition des mots suivis
d'un astérique* dans le texte.

Sommaire

Partie 1. Les prémisses

Chapitre I
LES ORIGINES 9

Chapitre II.
ENFANCE ET ADOLESCENCE 17

Partie 2. L'odyssée

Chapitre I.
FORER, BÛCHER... 31

Chapitre II.
...ET NAVIGUER 39

Partie 3. L'Europe et l'Afrique

Chapitre I.
L'EUROPE.. 47

Chapitre II.
L'AFRIQUE DU NORD ET LE SAHARA 59

Chapitre III.
L'AFRIQUE NOIRE 69

Partie 4. Rigaud

Chapitre I.
LE RETOUR, L'ANCRAGE 91

Chapitre II.
RIGAUD 101

Chapitre III.
LES QUATRE SAISONS DE L'ÉRABLIÈRE
ET LE TEMPS DES SUCRES... 131

Épilogue 149

ANNEXES
La fabrication du sirop d'érable 155
Les recettes de la Sucrerie 158
Glossaire 171
Quelques belles pensées 173

Partie 1
Les prémisses

Chapitre I

LES ORIGINES

Nous sommes en France, au début du XVIIe siècle, plus précisément en Saintonge, un pays qui sait retenir les hommes par la douceur de son climat et sa situation privilégiée entre le Nord et le Sud, entre les pays d'Aquitaine et la mer. Contrée humide et verdoyante aux abords des verts bocages qui s'étendent le long des rivières Charente et Seugne aux eaux calmes, on y retrouve un peu des paysages de la Vendée au centre, des terres argileuses faites de sables et des varennes[1]; les cultures disputent le territoire aux forêts et aux landes piquées de pins. La façade atlantique de la « douce France » évoque aussi l'Aunis, pays nu à peine ondulé, sans beaucoup d'arbres, dont la terre meuble et légère permet la croissance du blé et de la vigne. L'élément liquide est partout, faisant dire des hommes qu'ils sont « les paysans de la mer ».

---

[1] Terres incultes où l'on fait paître le bétail.

Sous le règne de Louis le treizième, la région ne connaît pas d'unité politique ni religieuse. Richelieu a fait le siège de La Rochelle, en Aunis, en 1627-1628, et les conflits, les luttes et les émeutes se poursuivent inlassablement, malgré la détresse et la pauvreté qu'ils entraînent à leur suite. Déjà durant la Guerre de Cent Ans, la Saintonge, située à la limite des domaines des rois d'Angleterre et de France, a servi de frontière et vu s'incruster les chevaliers en armes ; accolés à la Vendée, Aunis et Saintonge subissent l'influence des jacqueries paysannes. En 1636, des soulèvements dans les campagnes apparaissent contre les tailles[2] en Angoumois et au Périgord, qui déclenchent une véritable guerre civile, la première initiée par des paysans. Les guerres de religion, la Révolte des croquants, la Fronde et leur cortège de misères écrasent les fermiers. Les soulèvements n'apportent aucun répit aux pauvres, qui ne peuvent faire valoir leur droit à la survie.

---

2 Redevance ou impôt payé au seigneur ou au roi par les paysans et les roturiers.

C'est dans cette province du Duché d'Aquitaine, au Royaume de France, sur ces terres labourées sans merci par les longues guerres franco-anglaises, parmi ces paysages enchanteurs et ces habitants rudes et démunis, qu'il faut aller fouiller pour trouver les racines originelles de Pierre Faucher, qui « un jour prendra racine en terre de chez nous ».

Sans attendre la Révolution, qu'il ne peut anticiper, et son vent de liberté qui ne viendra souffler sur les Charentes que quelque cent trente ans plus tard, Jean **Foucher**, menuisier de son état, décide de quitter Cressac[3] pour tenter sa chance ailleurs. En 1608, Samuel de Champlain, enfant du pays, a fondé la ville de Québec de l'autre côté de l'Atlantique, et à cette époque, beaucoup de protestants trouvaient leur salut en s'exilant, en particulier en Nouvelle-France, où ils ont fini par constituer la moitié des souches d'origine des Acadiens. Installés sur le sol du Nouveau Monde, les huguenots deviennent peu à peu catholiques ; leur population connaît un pic

---

[3] Aujourd'hui Cressac-Saint-Genis

après 1685, même si les jésuites mettent un frein à leur immigration. On ne peut savoir avec précision si Jean Foucher faisait partie de ces « religionnaires », comme on les appelait alors. Ce qu'on sait avec certitude, c'est qu'il fit souche en Nouvelle-France, donnant naissance à une lignée de **Foucher** qui ne tarderont pas à s'appeler **Faucher**.

Le Jean Foucher qui nous occupe est né à Cressac, en 1632. Il aurait appris le métier de menuisier, ce qui ne l'empêchait pas d'exploiter la ferme d'un certain Niel, dont il était métayer, car la vie n'était pas facile dans le Comté de l'Angoumois, berceau royal et origine de la famille Foucher. L'indication de son année de mariage, enregistrée à Québec en 1659, nous incite à croire que son arrivée au pays était assez récente. Nous ne pouvons établir avec certitude si sa femme, Jeanne de Richecourt-Malteau, qui était originaire de Picardie, porte du Royaume de France, avait émigré séparément ; mais il semblerait plausible qu'elle soit venue avec ses parents, ou même peut-être seule ou avec des femmes de sa famille, cédant aux avantages mirifiques que leur faisaient valoir les recruteurs responsables de remplir des bateaux pour peupler la colonie qui souffrait cruellement du manque d'éléments féminins.

Après avoir retracé plusieurs générations de Foucher en ligne directe, nous pensons que Jean Foucher mit pied pour la première fois sur le continent nord-américain à l'île d'Orléans, où il eut plusieurs enfants, dont Gervais, né en 1665 dans la paroisse de Sainte-Famille. C'est avec le fils de Gervais, Louis-Jacques, né en 1766, que nous apprenons que la famille a quitté l'île d'Orléans pour Sainte-Anne-de-Beaupré. C'est également ce Louis-Jacques qui emploiera le premier le nom de **Faucher**, et c'est son fils Louis qui lui donnera son caractère irrévocable. Avec la naissance de Louis en 1804 à Sainte-Marie-de-Beauce, la famille s'établit définitivement dans cette région.

Descendant en ligne directe, Napoléon Faucher, le grand-père de Pierre, naît en 1881. Il est colon* et défriche sa terre de Beauce, à Saint-Édouard-de-Frampton, au sud de Québec, afin d'y construire une maison. Avec sa femme Vitaline Lafontaine, il achète l'érablière du rang* 2 à Frampton en 1905, au milieu de laquelle il bâtit une petite cabane et construit une bouilloire* pour lui permettre d'évaporer l'eau d'érable et d'en faire du sirop ; les terres qui ne sont pas couvertes d'arbres sont réservées aux vaches. Huit enfants naissent de leur union, dont le troisième, Jules, né en 1903, est le père de Pierre. Ce dernier rachètera en 1988 la maison ancestrale, la ferme et l'érablière, qui deviendra en 1991 « La Cabane à Pierre », où il reconstituera un camp de bûcherons de l'époque, avec un foyer carré traditionnel ; des festins champêtres et des mariages sont organisés à longueur d'année, dans une ambiance du temps passé.

Quand il entreprend la remise en valeur du patrimoine familial de Beauce, Pierre passe pour un illuminé. Il fallait faire un kilomètre dans le bois pour atteindre la cabane. Maintenant, l'entreprise est prospère, après beaucoup d'efforts ; on y rencontre des Québécois et des Canadiens d'autres provinces, aussi bien que des Européens ou d'autres étrangers, et les mois de juin sont occupés par des groupes d'étudiants du Canada qui viennent y passer quelques semaines d'immersion française. La Cabane à Pierre ne ferme jamais et l'accueil y est toujours aussi chaleureux, quelle que soit l'époque de l'année.

Chapitre II

ENFANCE ET ADOLESCENCE

Les parents de Pierre ne font cependant pas souche en Beauce. Ils « émigrent », comme leur fils aime à l'exprimer, dans la région de Montréal. Le couple a alors cinq enfants. Pour eux, c'est un immense changement de quitter la ferme et la vie à la campagne, un peu comme de laisser son pays, pour habiter presque en ville : à Sainte-Anne-de-Bellevue, dernière agglomération de l'Ouest de l'île de Montréal. Jules Faucher y occupe un emploi d'agriculteur sur la ferme expérimentale de l'Université McGill, où Pierre naît, le 13 novembre 1946, dernier d'une fratrie de dix.

Alors qu'il a cinq ans, ses parents se rapprochent de Montréal en déménageant à Beaurepaire, un quartier de Beaconsfield, qui était alors un petit village. « Mon père était travailleur, il cumulait deux emplois : un comme menuisier dans une petite entreprise de construction de maisons résidentielles, où il avait rejoint deux de ses frères, et un autre dans l'entretien paysager. Il était consciencieux et très joyeux. Il était aussi très paternel et possédait des qualités de clairvoyance. J'ai eu de la chance d'avoir de bons parents », nous raconte Pierre. Jules Faucher n'a pas fait d'études universitaires, mais il peut calculer dans sa tête les dimensions des chevrons nécessaires pour bâtir un toit ou la quantité de bois requise pour les murs d'une maison ; il est aussi capable de transporter les grosses charges et ne rechigne jamais à la tâche. Sa mère dirige le quotidien d'une main ferme et veille à la bonne entente nécessaire à l'harmonie d'une famille nombreuse, ce qui fait que l'ordre et la gaîté règnent toujours, comme en témoignent les voisins : « La famille Faucher, on les entend toujours parler, rire et chanter ! » Sa mère se consacre aux multiples tâches ménagères, quotidien inévitable d'une si grande famille : les repas pour douze personnes chaque jour, les montagnes de lavage qu'il faut faire à la main et étendre sur la corde à linge, le repassage avec un antique fer chauffé sur le poêle, les soins aux plus jeunes, le ménage, le potager, etc. Du reste, Pierre conservera toute sa vie la mémoire de son foyer familial comme un havre de paix et un refuge toujours accessible pour s'y ressourcer et s'y fortifier.

Quand arrive le temps de l'école, qui reste un bon souvenir pour l'enfant éveillé qu'il est déjà, Pierre trouve immédiatement au contact de ses congénères ce qui le guidera toute sa vie : la satisfaction d'une curiosité sans fin et d'une soif intense de découverte des autres. C'est donc d'un pas léger et le cœur heureux qu'il en prend chaque jour le chemin, même s'il doit pour cela avaler matin et soir les deux kilomètres de marche qui l'en séparent. La première année, cependant, il lui faut vaincre sa peur des vaches, car il doit traverser un champ où les bovins, toujours curieux, le suivent des yeux quand ils ne viennent pas directement le frôler ! Mais la deuxième année, déjà, il a vaincu l'angoisse grâce à sa petite amie Carole Couillard, qu'il s'est mis en devoir de protéger chaque soir en rentrant par le champ, car elle aussi craint l'inoffensif troupeau.

Puis, cédant dès le premier âge à une attirance naturelle qui le fera toute sa vie aimer la gent féminine et s'en faire aimer, Pierre tombe amoureux – rien de moins ! – de sa belle maîtresse de quatrième année, une femme pleine de diplomatie, d'après ses souvenirs, à qui il offre à toute occasion des fleurs des champs et des pommes. Il n'en ira pas de même avec son enseignante de sixième année, qui ne se laisse pas conter fleurette et lui fait connaître ses premiers revers : sévère et intransigeante, elle le garde souvent en retenue le soir après la classe.

À la maison, son rang de petit dernier lui octroie l'indulgence et l'affection de toute la maisonnée. Mais l'enfant gâté et chéri de tous cultive néanmoins l'impression de ne pas recueillir toute l'attention qu'il souhaiterait. Il garde un souvenir mitigé de sa position privilégiée : « J'étais trop jeune pour me mêler aux conversations. On me laissait toujours en arrière-plan, j'étais le 'p'tit cul'... Alors, je rêvais ».

Comme la plupart des enfants de son âge, il aime le base-ball et il espère faire partie du club « L'Étoile » de Beaconsfield. Mais le quotidien dans l'Ouest-de-l'Île n'est pas facile pour un Canadien français. Il faut être parfaitement bilingue dans ce quartier à majorité anglophone et, par voie de conséquence, il faut aussi être meilleur que les Anglais pour avoir une chance de percer ! Or, si Pierre est un bon joueur, certains sont meilleurs que lui dans le club. Il se rend bien compte qu'il doit absolument trouver à se différencier pour attirer les regards sur lui et avoir une chance d'être pris dans l'équipe. L'opportunité se présente un jour, lorsque l'entraîneur demande à ses joueurs de vendre des billets en vue de ramasser des fonds pour le club. Pierre décide de jouer le tout pour le tout : il va lui parler et, alors que les autres enfants ne se voyaient confier qu'un seul livret de dix billets, il en réclame neuf, une quantité importante pour un vendeur inexpérimenté de sept ans : « Confiez-moi neuf livrets et un uniforme. Si je ne vends pas tout, je vous rapporte l'uniforme lavé et repassé. Ma mère est d'accord. » L'entraîneur cache son amusement et son incrédulité et choisit de lui donner sa chance. Pierre endosse son beau costume de joueur – qu'il n'est pas encore – et se lance avec énergie à l'assaut des rues pour faire du porte-à-porte. Et pour un coup d'essai, c'est un coup de maître ! Car c'est à cette occasion qu'il manifeste pour la première fois ses talents de persuasion et qu'il se révèle le parfait communicateur qu'il est depuis. En effet, à chaque maison, il ne se présente pas pour vendre un ou deux billets, mais il propose carrément un livret complet. Ses interlocuteurs sont séduits : « Les gens me trouvaient 'cute*' habillé en base-ball ; ils prenaient le livret sans discuter. Le soir, j'avais tout vendu. » Il retourne voir son chef qui n'hésite pas un instant à intégrer dans l'équipe un élève aussi doué de talent et de volonté !

Pierre résume ainsi cette première expérience de la vie, au seuil de l'adolescence : « J'avais compris que pour me qualifier, je devais faire un effort supplémentaire. Grâce à ce petit plus que j'avais réalisé par rapport aux autres, j'ai atteint mon but. Je m'en suis toujours souvenu et tout au long de ma vie, je me suis efforcé de me mettre au niveau des autres et d'en donner davantage ». Quand on connaît le personnage, on sait que s'il a effectivement mis son point d'honneur à toujours en donner davantage, on sait aussi qu'il ne s'est pas contenté de se mettre au niveau des autres, mais qu'il n'a jamais hésité à se hisser à l'échelon supérieur…

L'adolescence le voit très engagé dans de multiples activités sportives et sa vie d'étudiant foisonne de belles histoires avec ses amis. Il joue au base-ball, au hockey, au soccer, au volley-ball… Mais comme dans son enfance, il reste dans son cocon et continue à laisser aller son imagination tandis que ses amis discutent entre eux. Il se complaît dans une période où il visionne la vie à sa manière et s'identifie à ses rêves. Mais parfois, la réalité le rattrape, et il garde, par exemple, le souvenir des après-midi où il est chargé de tondre la pelouse pendant que ses amis vont se baigner. Il se rappelle sa mauvaise humeur et les bonnes paroles de sa mère qui lui explique que passer la tondeuse avec plaisir va plus vite et qu'il peut ainsi rejoindre ses amis plus tôt.

L'été, Pierre travaille avec son père dans la construction et il aime être ainsi proche de lui, l'entendre raconter la vie des bûcherons dans les cabanes de bois rond, évoquer l'odeur du foin et du pain frais des fours à bois, et puis aussi être l'auditeur attentif de toutes les belles histoires du temps du grand-père, un homme qui inspirait cette sorte de loyauté qui fait encore hocher la tête respectueusement à ceux qui, faute de l'avoir connu eux-mêmes, se souviennent de ce qu'en rapportaient leurs pères. Pierre surmonte tous les obstacles scolaires à la seule pensée que son grand-père se rendait à l'école en char à bœufs. Il se souvient aussi qu'à cette époque, un oncle est parti vivre dans le Maine, aux États-Unis, et que la parenté est disséminée, provoquant autant d'éloignements qui fournissent l'occasion de belles visites pendant les vacances, des accueils chaleureux et des souvenirs de grandes tablées campagnardes où règnent le partage et la bonne humeur.

Vers seize ans, il connaît son premier vrai chagrin d'amour avec une ravissante brune aux yeux verts qu'il a rencontrée dans une soirée dansante au YMCA.

Après deux ans de ce qu'il croit être le bonheur, elle déménage en Californie avec ses parents. Pierre n'en mange plus pendant trois semaines... Plus tard, il fréquente une jolie Allemande, qui veut se marier avec lui : « Elle aurait aimé qu'on achète une maison, une laveuse, une sécheuse... Le frisson m'a pris dans la colonne vertébrale en plein mois de juillet ».

« Si vraiment nous étions toujours à gagner notre vie et à régler nos vies conformément à la dernière et à la meilleure manière que nous avons apprise, jamais nous ne serions troublés par l'ennui. Suivez votre génie d'assez près et il ne manquera pas de vous montrer une nouvelle perspective. »

Pierre rêve en effet de voir plus loin et il réussit, à 18 ans, à passer ses premières vacances au bord de la mer, pour aller jouer au volley-ball dans la région de Cape Cod. Il est séduit, « non pas par toutes les belles femmes que j'y vois, raconte-t-il, mais par les vagues qui ondulent à perte de vue ». L'horizon le fascine, les couchers de soleil l'émerveillent. Il ne peut détacher ses yeux de l'astre solaire qui se perd sur la ligne des flots et c'est là qu'il découvre l'invitation au voyage. Il veut voir « l'autre bord du monde »... Pour lui, l'aventure, c'est la carte de la planète, qui va de chez lui vers l'horizon dans un grand espace blanc. Il veut déchiffrer les signes de l'avenir à travers les lumières nocturnes, les paysages inconnus, se lancer dans cette ouverture sur toutes les villes possibles, sur tous les ports comme autant d'accès à tous les continents. Chaque chose qui l'attire lui semble à portée de main, chacune étant imbriquée dans l'autre comme le futur et le présent et il n'aura de repos que quand ces diversités se seront fondues en une seule connaissance qui formera son expérience et sa propre réalité.

Il mettra trois ans pour réaliser son rêve. En attendant, il visite Expo 67, qui lui révèle les saveurs et les cultures du monde entier et le conforte dans sa décision de partir aux quatre coins du Globe. Il se dit qu'il a tant à apprendre et tout encore à découvrir ! Il est alors dans la vingtaine ; il comprend qu'il perd son temps dans un bureau anonyme – il travaille alors à Montréal dans une industrie américaine de câbles d'acier – et il ne veut pas passer sa vie dans les transports pour faire du neuf à cinq au centre-ville. Il décide qu'il prendra sa retraite à vingt et un ans, plutôt qu'à soixante-cinq. Son patron se met à rire à cette annonce et lui demande ce qu'il compte faire : « Qu'est-ce qu'on fait quand on est en retraite ? On fait le tour du monde ! » Comme il n'a pas beaucoup d'argent, il opte pour la découverte du Canada. Il veut connaître la géographie de son pays, les différentes cultures et mentalités. Il parle parfaitement anglais depuis son jeune âge, ayant grandi parmi les anglophones de l'Ouest-de-l'Île. Il planifie un voyage avec un copain, décidé comme lui à s'ouvrir des horizons. Ensemble, ils passent des soirées entières chez ses parents à discuter des destinations. Ils comptent partir vers l'ouest et travailler au forage de pétrole en Alberta, à l'exploitation minière ou forestière dans les Territoires du Nord-Ouest ; ils veulent découvrir les grandes villes, Vancouver, Calgary, Banff...

Mais les évènements tournent court pour son ami ; il se désiste au dernier moment : « Quand le temps est venu, lui est resté là. Il avait changé d'idée ! Moi, je me suis dit que j'allais quand même y aller. J'étais choqué par sa décision ». Malgré tout, Pierre est indécis, déstabilisé peut-être par ce contretemps. Il a peur de faire de la peine à ses parents ; tandis qu'il est dans sa chambre, à réfléchir, sa mère monte et lui dit : « Laisse-moi t'aider à faire ta valise ». Pierre avoue que c'est ce geste de sa mère qui l'a délivré de toute hésitation ; elle lui a facilité la tâche en lui donnant son blanc-seing. C'était comme de lui dire : « Tu peux partir, tout va bien aller ».

Son père lui prodigue ses derniers conseils, dont Pierre fera bon usage, non seulement tout au long de son périple, mais tout au long de sa vie, et qui se révéleront très profitables : s'adresser aux décideurs, parler toujours aux bonnes personnes pour avoir l'heure juste.

Partie 2
L'odyssée...

*« Heureux qui comme Ulysse
a fait un beau voyage... »*

Joachim du Bellay

Homère a défini l'Odyssée comme l'errance aventureuse de port en port. Pierre est un homme de l'Odyssée – et non pas de l'Iliade, qui répond à une obstination de découverte d'un seul lieu.

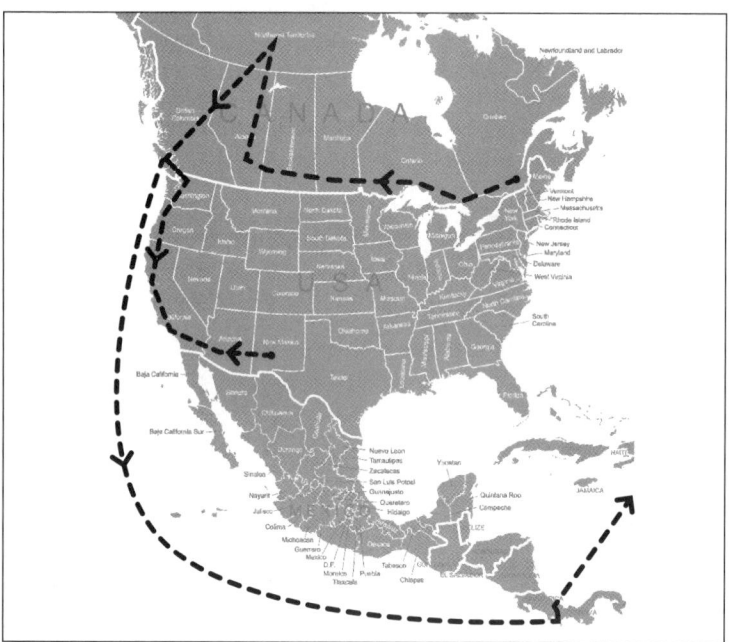

Itinéraire

Québec, Ontario, Manitoba, Saskatchewan, Alberta (Calgary, Banff, Edmonton, Rivière de la Paix), Territoires du Nord-Ouest (fleuve Mackenzie), Colombie-Britannique (Prince-George, Vancouver), État de Washington (Seattle), Californie (San Francisco, Los Angeles), Nouveau-Mexique, Vancouver, canal de Panama, mer des Antilles, Atlantique Nord, Angleterre...

Chapitre I

FORER, BÛCHER...

En novembre 1967, alors qu'il vient tout juste de fêter ses 21 ans, Pierre répond enfin à l'appel du vaste monde et se lance vers l'inconnu. Le voici tout d'abord parti à la découverte des grands espaces canadiens et de ces gigantesques et magnifiques Montagnes Rocheuses qui ont alimenté tant de ses rêves d'enfant : il achète un billet de train pour Calgary. Le voyage, dont il a déjà mesuré maintes et maintes fois l'itinéraire sur les cartes, et qui doit le conduire du Québec à l'Alberta, ne prendra pas moins de trois jours, qu'il passera heureusement en compagnie d'une famille qui va s'établir dans l'Ouest et compte un jeune homme de son âge avec lequel il ne manque pas de sympathiser immédiatement.

Le visage collé à la vitre de son compartiment, il remonte le Saint-Laurent jusqu'à Toronto, traverse les grands espaces ontariens, puis se perd dans la contemplation des immenses plaines du Manitoba et de la Saskatchewan, en suivant des yeux les routes toutes droites et les larges fleuves et rivières qui traversent les prairies à perte de vue, les champs de céréales qui n'en finissent plus, les énormes silos à grains... Il imagine les coureurs des bois qui sillonnaient à pied et en canot ces vastes étendues, s'embarquant dans des canots de maîtres à Lachine et faisant leur premier et dernier arrêt en terre civilisée à la très belle chapelle de pierre de Sainte-Anne-de-Bellevue, encore visible aujourd'hui dans toute son originalité de vestige du temps passé, resté intact et bien entretenu – Sainte-Anne, le village de son enfance – où ils demandaient protection à la Vierge en lui octroyant l'offrande d'une obole. Il suit les traces de Louis Riel, le rebelle de la Rivière Rouge qui finira pendu pour avoir osé résister au gouvernement de Sa Majesté britannique en défendant les droits et la culture de ses demi-frères métis. Les forts qu'il croise lui rappellent l'histoire de la conquête de l'Ouest – Fort William, Norway House, Fort Cumberland – et celle des Compagnies du Nord-Ouest et de la baie d'Hudson qui ont fait son pays. Toutes les images de ses livres d'Histoire du Canada lui reviennent en mémoire et il s'émerveille de voir de ses propres yeux les réalisations de ses ancêtres qui, presque trois cents ans plus tôt, ont conquis les grands espaces au péril de leur vie.

Arrivé à Calgary au terme de la première étape de ses pérégrinations, il est invité à séjourner chez le frère d'un ami, Walter Trudeau, qui est laitier ; Pierre lui offre de travailler avec lui quelques semaines pour le remercier de son hospitalité. Après avoir fait le tour de la ville, devenue le centre du boom pétrolier, et admiré au passage quelques belles Albertaines, il décide de monter à Edmonton, car il a appris que c'est là que se trouvent les puits de pétrole. De plus, il sait y revoir une connaissance de son village, le restaurateur Jim Smith, un grand ami de sa famille, qu'il met au courant de ses projets. Grâce à ses conseils, il rencontre bientôt des chefs d'entreprise et leur parle de son intention de travailler dans le forage pétrolier. Sa force de persuasion fait des miracles et il est pris au sérieux : on lui donne une chance en janvier 1968. C'est alors un nouveau départ vers le nord de l'Alberta, dans la haute région de la rivière de la Paix, pour rejoindre la Commonwealth Drilling Company, où il va travailler 7 jours sur 7 pendant 12 heures, « dans la boue qui monte le long des chaînes, avec des températures pouvant baisser jusqu'à moins 70 degrés Celsius ». L'accueil est à l'image du pays : rude, austère et sans chaleur humaine. Et il ne peut guère compter sur le support de la communauté francophone de l'Alberta septentrionale, pourtant connue comme la plus florissante parmi toutes les communautés québécoises « exilées », car ses compatriotes sont avant tout des agriculteurs qui exploitent d'immenses fermes où ils cultivent des milliers d'acres de terre dont les rendements en céréales sont parmi les plus élevés au pays. Ces expatriés de la Belle Province ne comptent que sur leurs fermes et leurs cheptels et ignorent donc les puits de pétrole et ce hardi Québécois qui s'y est aventuré !

Pour Pierre, le « Frenchy » de l'équipe, le travail de forage est très dur, les muscles mis à rude épreuve, mais le salaire est en conséquence. Le plus dur est peut-être de s'adapter aux conditions, au pays et aux gens : il faut rentrer dans la mentalité des foreurs, être capable de penser comme eux et montrer la même opiniâtreté envers l'adversité, afin de pouvoir partager leur quotidien. Le soir venu, il faut surmonter sa fatigue pour se constituer une petite vie sociale, parler avec ses compagnons, partager leurs activités. Or, ce n'est pas toujours facile de comprendre et d'accepter leur sens de l'humour, de rentrer dans leur jeu. D'ailleurs, ce qui est valable chez les foreurs de puits l'est tout autant chez les mineurs ou les bûcherons des forêts du Nord-Ouest, que Pierre ne tardera pas à connaître.

À l'école de la vie, Pierre a tiré de cette expérience difficile un nouvel enseignement fructueux pour son avenir : il faut savoir se mettre à la place des gens, comprendre et accepter toutes les situations. Pour cela, il est nécessaire de s'adapter à son environnement sans trop y réfléchir, se fondre dans la société dans laquelle on vit, adopter ses valeurs sans s'accrocher aux siennes.

35

Après quelques mois passés dans l'univers des puits de forage, il poursuit sa quête d'expériences et d'absolu et c'est avec une nouvelle foi au ventre qu'il se dirige maintenant vers les Territoires-du-Nord-Ouest afin d'aller travailler dans le monde des raffineries de pétrole pour suivre le cycle d'exploitation de l'or noir.

À la porte de Fort Chipewyan s'étend un vaste delta verdoyant, autrefois très fertile, où la rivière Athabasca s'unit à la rivière de la Paix avant de continuer vers le nord sous le nom de rivière des Esclaves. Sur les trois principaux affluents du Mackenzie, la rivière de la Paix, l'Athabasca et la Grande Rivière de l'Ours, seul ce dernier continue à se déverser librement et sans traces de pollution dans le Deh Cho, la "grande rivière", comme l'appellent les Dénés, un peuple amérindien qui vit sur ses berges. C'est là que Pierre décide de s'arrêter. Il travaillera six mois sur le fleuve Mackenzie, de mai à octobre 1968, à débarder des barriques d'huile sur son dos. Il connaît la vie au grand air, dans les espaces infinis et sous le soleil de minuit, au milieu d'une faune et d'une flore exceptionnelles. La forêt boréale qui jouxte le fleuve s'étend jusqu'à l'Arctique, parsemée de tourbières et de toundras qui se succèdent dans le bassin fluvial du Mackenzie et en font un des écosystèmes les plus riches au monde. Notre passionné de nature vierge y trouvera des paysages grandioses et une vie bien proche des origines qui alimenteront longtemps son imagination fertile et son inaltérable curiosité.

Après cette expérience enrichissante, Pierre poursuit son périple et arrive dans le nord de la Colombie-Britannique, pour aller travailler au transport de souches d'arbres dans l'industrie forestière. Il se sent tout de suite à l'aise sur les chantiers de bûcherons, en terrain connu. « On mangeait bien, même si on faisait des journées de dix heures, et l'atmosphère était bonne. La nuit, on entendait hurler les loups et on voyait leurs traces dans la neige le lendemain. La faune était partout. » Un soir où il se rend avec un groupe de bûcherons à Prince-George, il voit sur la route, au clair de lune, un lion de montagne[4] qui les guette depuis un rocher. C'est la première fois qu'il aperçoit un grand félin avec une telle proximité.

---
4 Qu'on appelle aussi cougar ou puma.

Chapitre II

... ET NAVIGUER

Au début de l'hiver 1968, Pierre redescend vers Banff et la civilisation, où il trouve un emploi dans le tourisme, dans la station de ski de Sunshine Village. Il y travaille un certain temps, dans de bonnes conditions qu'il apprécie après ses derniers mois si difficiles de foreur et de bûcheron. La saison finie, leur proximité lui donne envie d'aller découvrir les États américains de la façade pacifique. En mai 1969, il se dirige donc vers Vancouver, en Colombie-Britannique, puis franchit « les lignes », arrive à Seattle, dans l'État de Washington, et poursuit plein sud jusqu'à San Francisco où il reste quelques jours au YMCA pour tout découvrir, à pied ou en *cable car*, du Golden Gate à Chinatown, en passant par le port et la prison d'Alcatraz. Le souvenir auquel il reste attaché est celui d'une très jolie femme dans la quarantaine, rencontrée au hasard de ses déambulations. Peut-on s'en étonner de la part de ce séducteur de 20 ans ? « Elle m'a fait voir de magnifiques paysages dans sa mustang convertible », déclare Pierre en plissant les yeux avec malice. Il continue ensuite sa route vers le Nouveau-Mexique où il trouve la chaleur, l'humidité et la nonchalance des habitants.

❖

À la suite de ce voyage d'exploration de la côte ouest des États-Unis, qui lui procure une détente bien méritée après ses rudes activités dans les industries pétrolière et forestière, il remonte sur le Canada et s'arrête de nouveau à Vancouver. C'est l'été 1969. Après avoir sillonné les côtes du Pacifique dans les deux sens, le goût de l'aventure l'a repris et son idée maintenant est de trouver un emploi sur un bateau, afin « d'aller voir plus loin ». C'est avec cet objectif en tête, en tenue de plage, short, tee-shirt et espadrilles, qu'il frappe à la porte des bureaux du Canadian International Shipway. Suivant les conseils judicieux de son père, il use d'un astucieux stratagème pour parvenir à ses fins : d'un ton décidé et sûr de lui, avec sans doute un beau sourire charmeur à la réceptionniste, il demande à parler au président de la compagnie : « Je suis du Québec. Mon père m'a dit de venir saluer le président de sa part. Je suis désolé, mais je ne me souviens plus de son nom ; pouvez-vous lui dire que Pierre Faucher est là ? » Intrigué par la consonance canadienne-française de son nom, le président accepte de le recevoir ; Pierre lui dévoile franchement sa tactique audacieuse et il a la chance de voir son interlocuteur apprécier suffisamment le stratagème pour s'en amuser. Il lui raconte ensuite son histoire et son parcours, si bien qu'un lien de sympathie se développe immédiatement entre les deux hommes. Pierre lui confie alors qu'il aimerait trouver un travail sur un bateau pour traverser les océans, qu'il est prêt à faire n'importe quoi, qu'il saura s'adapter. Mais l'homme d'affaires l'informe que les compagnies maritimes n'embauchent que des marins syndiqués : « Tu dois faire partie de l'Union, sinon tu n'as aucune chance. Sauf si la compagnie se trouve dans une situation où il lui est impossible de remplacer un marin... ça arrive ! Je te conseille donc de trouver un job à Vancouver en attendant une occasion ».

C'est ce que fait Pierre et il est bien inspiré. L'hiver passe et en mars 1970, il reçoit un appel : un cargo norvégien qui transporte des billes de bois vers l'Angleterre est prêt à le prendre. C'est un virage à 180 degrés, plein Est, destination Southampton…

Comme simple matelot, Pierre descendra le Pacifique, traversera le canal de Panama, naviguera dans la mer des Antilles et remontera l'Atlantique Nord jusqu'en Angleterre, qu'il atteindra après cinq semaines de navigation. Mais il ne s'agit pas d'un voyage d'agrément avec cocktails au bord de la piscine sur le pont supérieur : Pierre fera là son dur apprentissage de la marine marchande. Il supporte avec vaillance les difficiles conditions de la haute mer, les coups de vent, les grains et même les tempêtes, les eaux tumultueuses qui balaient les bordages… Il doit s'attacher sur le pont pour manœuvrer les haubans, enrouler les chaînes, prêter main-forte aux marins. Il en garde un souvenir émerveillé, celui de la petite lumière le soir, au fond de la coque, celui de l'odeur familière du bien-être, après un labeur intense et quotidien sur le pont. Une fois délesté de ses chaussures, pieds nus sur le bois de la coursive, il savoure le plaisir pressenti des minutes qu'il va voler au temps, après l'obsession du chronomètre qui l'a tenu toute la journée. Rien ne l'angoisse, il est heureux d'être matelot, de faire partie de l'équipage, de sentir les vagues secouer le navire... Pour lui, c'est là le vrai voyage. Il rencontre sur le bateau des hommes de toutes nationalités : des Norvégiens, des Panaméens, des Brésiliens, tous avec des mentalités et des personnalités différentes. Il tâche de se faire sa place et y réussit. C'est une expérience qu'il a vraiment appréciée et qu'il conserve dans un coin bien à part de sa mémoire.

Parti de Montréal depuis des mois, Pierre a maintenant parcouru plus de vingt mille kilomètres, en train, en bus, en auto-stop et en bateau. Plus de la moitié du tour de la terre ! Il a traversé le continent d'est en ouest, découvert les grandes plaines, les Rocheuses, les Territoires du Nord-Ouest, la côte pacifique du nord au sud de l'Amérique du Nord ; il a travaillé dans des conditions difficiles, des puits de forage pétrolier et des raffineries de l'Alberta jusqu'aux coursives d'un navire de commerce en haute mer, en passant par les camps de bûcherons de la Colombie-Britannique ; il a appris mille choses sur les uns et les autres, sur la vie, sur lui-même. Il a laissé le temps tomber à la mer pendant sa longue traversée. Quand tant de gens ordinaires usent leur fond de culotte sur des bancs d'université ou des fauteuils de bureau, il est allé à la plus dure école qui soit, celle de la vie et fait son apprentissage du travail comme tâcheron, à la dure. Mais, déjà, il a sans doute connu ce que d'autres ne connaîtront pas dans toute une vie, et ce n'est qu'un commencement !

Partie 3

L'Europe et l'Afrique

L'Europe

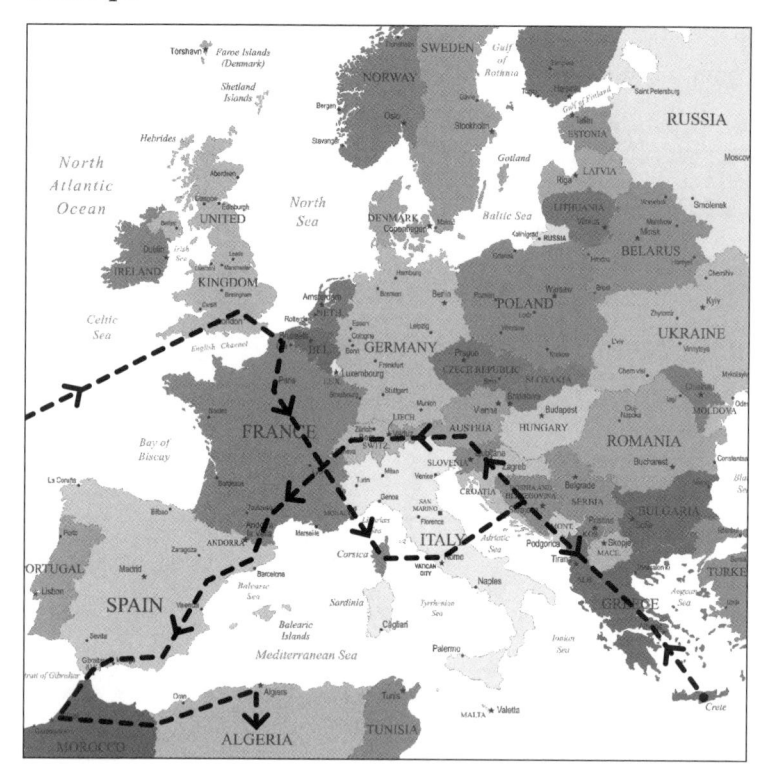

Itinéraire

...Angleterre, France (Lille, Paris, Provence, Corse), Italie, Ex-Yougoslavie, Grèce, Crète, Grèce, Ex-Yougoslavie, Autriche, Suisse, France, Espagne, Gibraltar, Maroc...

Chapitre I

L'EUROPE

Après avoir ainsi accompli son véritable baptême de la mer – puisque les courts périples en canot sur le fleuve Saint-Laurent en face de Sainte-Anne-de-Bellevue, ou même les quelques sorties en voilier sur les côtes du Maine, ne comptent évidemment pas –, Pierre débarque donc à Londres le 16 avril 1971, sur les quais de la Tamise, mais il ne peut s'éterniser, il doit quitter l'Angleterre immédiatement, car un marin ne peut pas séjourner dans le pays d'accostage sans autorisation. Il n'aura donc qu'entrevu Tower Bridge, Big Ben, Westminster et le dôme de St-Paul's Cathedral. Quant à la visite de Buckingham Palace, Piccadilly Circus, du British Museum, de la tour de Londres, ce sera pour une autre fois... Il prend donc un traversier pour Calais, subit une Manche déchaînée qui lui fait rendre l'âme alors qu'il n'a jamais eu le mal de mer en cinq semaines de cargo, et remet les pieds sur terre où il reprendra ses bonnes vieilles habitudes et utilisera tous les moyens de locomotion possibles, du train ou bus à l'auto-stop, selon le niveau de remplissage de ses poches ! Pierre porte ses pas vers Lille, où on lui avait conseillé d'aller et qu'il visite en quelques jours, avant de descendre sur Paris. Il prend tout juste le temps de poser ses maigres bagages dans un petit hôtel près de la gare du Nord, où le train l'a amené, et se lance dans de longues marches qui le tiennent éveillé pendant les 72 heures qu'il passera dans la capitale. C'est le mois de mai et la ville est en fleurs, les gens envahissent les rues, les terrasses des cafés débordent sur les trottoirs, les nuits sont tout illuminées. Pierre est émerveillé par l'ambiance et la beauté de ce qu'il voit, ravi par le spectacle des filles en mini-jupes sur leurs scooters.

Il découvre aussi que le français qu'on parle de part et d'autre de l'Atlantique n'est pas tout à fait le même : entre le Poitou du XVIIe siècle et le Paris du XXe, il y a parfois quelque difficulté à se comprendre... Un jour, alors qu'il veut visiter la basilique Notre-Dame, il avise un monsieur qui promène son caniche et lui demande la direction à suivre. S'ensuit un dialogue bilingue franco-québécois, où les accents mettent du piquant à la conversation :

« Pardon ? Qu'est-ce que vous dites ?

— Notre-Dame

— Je ne vous comprends pas

— L'église. Et Pierre fait un geste indiquant une forme de clocher, en ajoutant :

— Ding, dong !

— Ah ! Notre-Dame ! De l'autre côté du fleuve.

— C'est donc encore bien loin !

— Mais non, le fleuve est juste là !

— 'Tabarnac', c'est pas un fleuve, ça ! C'est un canal !

— Mais voyons, Monsieur, c'est la Seine ! »

Pierre le laisse outré par sa remarque, mais pour lui, un fleuve, c'est presque un bras de mer, s'il en juge par celui qu'il connaît si bien, le Saint-Laurent…

Les Parisiens butent sur son accent et Pierre s'en amuse. Un jour, dans un grand restaurant des Champs-Élysées, il demande sans succès du beurre comme il a l'habitude d'en trouver sur la table dans la Belle Province. Le serveur ne comprend pas ce qu'il veut. En désespoir de cause, Pierre lui demande :

« Apportez-moi de la margarine.

— Ah, Monsieur, vous plaisantez, un établissement comme le nôtre, on n'a que du beurre ici !

— Ça tombe bien, c'est justement ce que je veux, apportez-m'en, s'il vous plaît ».

Après ces péripéties touristico-linguistiques, Pierre se dirige vers Lyon, puis descend vers le midi de la France. Il est pris en stop à Marseille par un professeur qui se rend à Hyères en 2 CV et qui trouve Pierre très courageux, lorsque ce dernier lui raconte son périple. Notre voyageur s'embarque alors pour Ajaccio, où il rencontre un automobiliste qui l'emmène chez lui au bord de la mer. Il y passe la fin de semaine, à échanger des idées avec la famille. Il repart pour faire le tour de la Corse, où il s'étonne de voir des ruines simplement posées là, sans aucune exploitation touristique.

Il se rend ensuite à Rome, où il loge à l'auberge de jeunesse. Il est séduit par l'Italie, qu'il trouve très différente de la France. Il rencontre une jeune Américaine de Californie, de son âge, et ils décident de continuer le voyage ensemble. Pierre l'avertit cependant que le confort ne sera pas au rendez-vous : il faudra coucher à la belle étoile, quel que soit le temps, et accepter les dures conditions de cette grande aventure. Sa compagne lui dit qu'elle en est bien consciente et que cela ne l'arrêtera pas. Mais quand les difficultés s'annoncent, elle perd ses bonnes résolutions et se lamente devant les imprévus et les écueils. Ils atteignent quand même Trieste en Yougoslavie, où ils louent une petite chambre car la jeune fille ne veut plus du tout dormir dehors... Pierre la convainc le lendemain de prendre le train jusqu'à Athènes, où ils pourront se retrouver pour se raconter leurs expériences réciproques.

Il continue ensuite seul sa visite de la Yougoslavie. Il se rend dans une grosse ferme en pleine activité et comme il ne parle pas la langue, il se met tout de suite au travail pour aider aux travaux : ramasser le foin, pousser la charrette... Il travaille une journée entière, après quoi il est reçu à la ferme, mange la goulash et boit le vin avec les fermiers, qui le logent dans une petite maisonnette. Il est accueilli comme un ami.

Il continue ensuite vers la Grèce et revoit sa compagne américaine en arrivant à l'auberge de jeunesse d'Athènes, comme prévu. Ils échangent leurs impressions de voyage, mais ne continuent pas la route ensemble. Pierre est abordé par une Canadienne de Toronto, Sandra, qui lui propose de visiter le reste de la Grèce avec lui. Pierre est tout de suite réticent, à cause de l'expérience dont il vient de sortir. Il lui dit qu'il est d'accord, mais à condition qu'elle ne se mette pas à se plaindre et à pleurer dès leur première nuit à la belle étoile. Ils prennent le bateau pour se rendre en Crête. Pierre en garde un beau souvenir : « Nous avions pris des billets pour la classe Pont, qui était la moins chère. C'était l'été, la température était belle, le ciel ensoleillé et la Méditerranée superbe ». Ils débarquent et font le tour de la Crête. Ils trouvent des cavernes près d'un petit village au bord de la mer et ils s'y installent. C'était un petit coin de paradis, ils avaient tout : de l'eau fraîche dans la grotte, des tomates, des oignons et des olives au village, où ils achetaient du pain frais chaque jour. Un pêcheur leur prête même sa barque pour attraper des poissons. Ils passent là plusieurs jours. Puis, ils continuent leur périple, sur un camion qui transporte du vin. À un moment, le camionneur s'arrête et leur lance un tire-bouchon afin qu'ils puissent goûter au vin sur lequel ils voyagent ! Ils sont accueillis partout avec chaleur, mangent dans les petits restaurants familiaux des villages, se rendant directement dans la cuisine pour choisir ce qu'ils veulent.

À l'ouest de la Crête, ils se retrouvent dans la gorge de Samaria, dans les montagnes blanches. Ils empruntent le sentier le long des parois rocheuses qui atteignent par endroits six cents mètres de haut. Pierre décide d'y passer la nuit. Il avertit Sandra que ce sera dur de coucher sur la roche et il espère qu'elle ne se plaindra pas. Il parle des moments qu'il a passés avec elle : « C'était une compagne de voyage très agréable. Elle s'adaptait à tout, elle avait de l'humour, elle appréciait ce qu'elle voyait. C'est une personne que je n'oublierai jamais ». Ils visitent ensuite l'île de Mykonos où ils vivent une expérience que Pierre est réticent à raconter. Il ne veut pas qu'on le prenne pour un fou. Mais finalement, il déclare qu'ils ont vu des OVNI en dormant sur la plage. La nuit était très noire, d'un seul coup des lumières aveuglantes ont éclairé la plage, venant de soucoupes volantes qui passaient sans aucun bruit au-dessus de leurs têtes. Le sable était lumineux comme en plein jour. Beaucoup d'autres gens qui dormaient eux aussi sur la plage ont pris peur et se sont enfuis. Sandra et Pierre sont stupéfaits, ils regardent le spectacle jusqu'à ce que les soucoupes disparaissent comme elles étaient venues, en glissant sans aucun son. C'était ce qui était le plus impressionnant : « zéro son ! », dit Pierre en insistant. « On n'avait rien bu et on n'avait rien fumé ! » Les deux voyageurs font ensuite le tour des îles du Péloponnèse avant de retourner à Athènes, d'où Sandra s'envole pour le Canada.

Arrivé à Zermatt en juillet 1971, il va frapper à la porte de son amie Ursula, dont il a fait la connaissance à Banff. Elle travaille à l'accueil touristique et propose de lui trouver un emploi, car on a besoin de main-d'œuvre pour baliser les pistes en prévision de l'hiver. Pierre n'a que des sandales de plastique, mais il grimpe au sommet des montagnes avec les autres traceurs pour préparer le terrain pendant la bonne saison. Il continue ainsi deux semaines avant d'aller s'acheter une paire de chaussures de montagne à la Migros. Le lendemain, il arrive au sommet avec les chaussures attachées par les lacets sur l'épaule, pour frimer un peu : « Qu'est-ce que vous me racontez, avec vos Alpes, y'a rien là ! Je peux les monter pieds nus ! »

Les montagnards suisses le regardent en souriant, conquis. Il se souvient pourtant qu'on l'avait mis en garde contre les Suisses alémaniques qui n'ouvraient pas leurs portes facilement aux étrangers. Mais il n'a pas à se plaindre, tout le monde l'accueille chaleureusement et il se fait des amis qu'il a encore aujourd'hui. Zermatt est une ville internationale où l'on rencontre le monde entier. Pierre ne fait pas exception. Il a des amis suisses, américains, français... Il fait de grandes marches en montagne et profite des soirées dans la station.

C'est à ce moment qu'il rencontre Michel, un grand gaillard de son âge, natif de la région. Le courant passe immédiatement entre eux. À la suite des longues soirées qu'ils passent ensemble en discussions, à échanger des idées et à refaire le monde, ils décident de monter ensemble un voyage d'expédition en Afrique. Ils se sentent prêts à vivre côte à côte la grande aventure et ils savent qu'ils s'épauleront et pourront compter l'un sur l'autre. Ils se mettent donc à préparer leur périple, tout d'abord en sélectionnant les pays où il est alors possible de voyager et se lancent sans autre forme de procès dans un long voyage de dix mois – après avoir pris quand même la précaution de se faire injecter les vaccins obligatoires –, avec la carte Michelin pour seul guide et une immense volonté de réussite dans leurs valises.

Ils traverseront l'Algérie et le désert du Sahara, le Niger à la frontière de l'Afrique blanche et de l'Afrique noire, le Nigéria, le Cameroun, la République centrafricaine, le Congo, le Zaïre, l'Ouganda, le Kenya, la Tanzanie, la Zambie, le Botswana, pour enfin arriver en Afrique du Sud : il leur faudra trois mois, et bien des altercations avec les fonctionnaires des ambassades ou consulats correspondants, pour obtenir les visas qui leur sont nécessaires !

L'Afrique

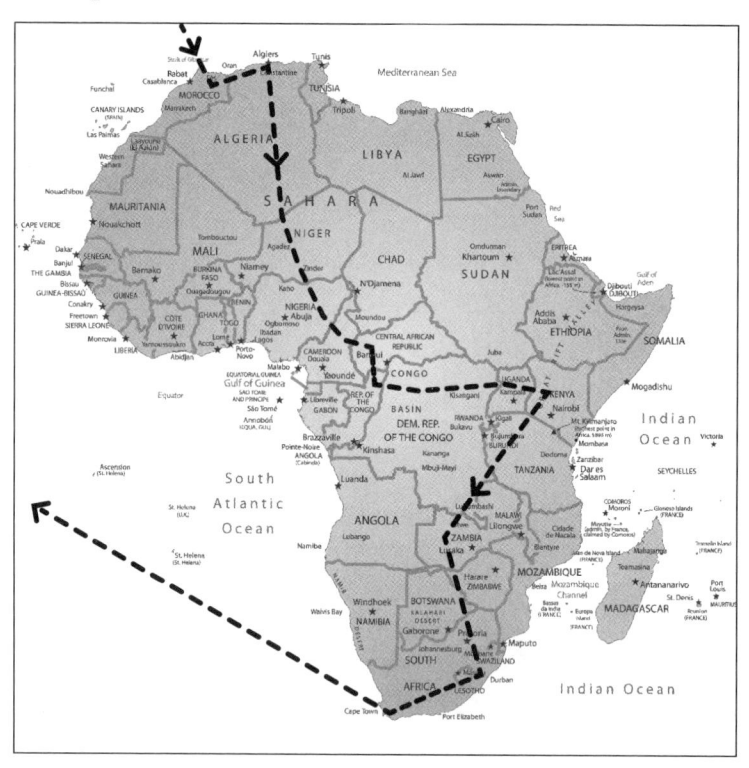

Itinéraire
...Maroc, Algérie, Niger, Nigéria, Cameroun, République centrafricaine, Zaïre, Ouganda, Kenya, Tanzanie, Zambie, Botswana, Afrique du Sud...

Chapitre II

L'AFRIQUE DU NORD ET LE SAHARA

Le départ se fait sur les chapeaux de roues en décembre 1971. De Suisse, ils traversent la France, l'Espagne, et passent au Maroc. Pierre nous raconte une anecdote qui aurait pu avoir des conséquences graves pour la suite de leur voyage : alors qu'ils se reposaient sous un arbre, un jeune garçon tente de voler le sac à dos de Pierre. Mais il prenait toujours soin de se l'attacher solidement à la ceinture. Le voleur en herbe est donc pris la main dans le sac. Pierre le chapitre pour lui faire comprendre que c'est là tout son bien et que le vol de son passeport, sans valeur pour le petit Marocain, aurait eu de graves conséquences pour lui. Le jeune garçon est plein de repentir. Il leur présente son frère et les invite à venir partager le couscous familial. Ils poursuivent ensuite vers l'Algérie, plein sud, direction le Sahara dont ils atteignent les confins l'avant-veille du jour de l'an. Devant le désert, ils se sentent vulnérables ; ils savent que les points d'eau sont à 100, 500, 800 kilomètres...

Ils ont un jerrican de 20 litres pour deux et pas plus. Le premier matin, face à cette mer de sable, Pierre sent l'anxiété le submerger, il tombe à genoux. Il a mal partout et ne peut plus respirer. Michel est inquiet : « Mais qu'est-ce que tu as ? » Pierre l'entend à peine, sa voix n'est qu'un bourdonnement dans ses oreilles. Au bout d'un moment, rassemblant ses forces et faisant appel à sa seule volonté, il se relève et dit à son compagnon : « C'est rien. On y va ! » Une fois sa décision prise, toute tension est évaporée et jamais plus Pierre ne ressentira la peur ou l'angoisse.

Ils s'enfoncent sans s'arrêter dans les dunes, qu'ils franchissent d'un pas alerte l'une après l'autre, inlassablement. Vers minuit, ils aperçoivent au loin des lumières :

« Regarde, Michel, des feux !

– C'est un mirage.

– Non, non, je vois trois Land-Rover ».

Ils se rapprochent et se retrouvent au milieu d'un groupe de Néo-Zélandais, Anglais et Australiens qui fêtent le réveillon du jour de l'an. Ils se joignent à eux et passent la nuit ensemble à accueillir la nouvelle année 1972 qui commence donc en terre africaine, dans les lueurs d'un feu de camp dont le rougeoiement fait revenir Pierre au souvenir de ses grands-pères, père, oncles et tantes, les remet tous en vie et éloigne sa solitude, le conduisant vers l'autre feu, chez eux, dans le bois parmi les siens, et il entend sa mère lui dire : « Je suis avec toi, goûte la paix, garde ton cœur ouvert à la nouveauté ». Ils dorment à même le sable et les autres dans des hamacs, avec tout le confort prévu dans les 4 x 4. « C'était comme les pique-niques de 'Souvenirs d'Afrique' ! », nous confie-t-il.

Le lendemain, en ce 1er janvier de l'année 1972, leurs nouveaux amis leur proposent de les emmener à Tamanrasset, mais nos deux compères les remercient en leur répondent qu'ils ont décidé de continuer à pied, car ils veulent se fondre dans la culture locale. Ce qu'ils entreprennent sur ces mots et, pas plus tôt arrivés en ville, ils ont la surprise de retrouver les Land-Rover immobilisées par une panne. Leurs occupants sont installés à l'hôtel et attendent des pièces qui doivent venir d'Angleterre.

Pierre et Michel les laissent à leurs problèmes mécaniques et reprennent la route en direction de la frontière du Niger. Ils rencontrent en cours de chemin une caravane de Bédouins qui transporte des dattes à travers les dunes et se joignent à eux. Le soir venu, ils bivouaquent à même le sable, sans monter les tentes, dont les piquets n'auraient pas tenu dans le sable, sous un ciel constellé d'étoiles. Parvenus presque au terme de cette traversée du Sahara, où ils auront admiré les oasis, les oueds, les palmeraies, les aiguilles volcaniques déchiquetées de l'Assekrem, surgies des sables, dans les montagnes noires du Hoggar, qui culminent à plus de deux mille mètres, ils parviennent enfin à Tamanrasset.

❖

Dominée par l'aveuglante lumière blanche des toits plats, la ville s'offre à eux comme un cadeau, après des heures à lutter contre le sable. Située à 1 700 m d'altitude, elle jouit d'un climat plus clément que celui du désert. Les maisons basses, en pierre, sont fraîches et accueillantes. Des bruits confus de ferraillements, de musique berbère, de blatissements de chameaux, des plaintes aiguës et lancinantes de fer qu'on forge, qu'on lime, qu'on modèle, des bruits de fond venant du souk, des touristes qui piétinent devant les échoppes et s'exclament... Pierre et Michel ont la tête pleine de sons après tant de solitude où le moindre petit cri, le plus silencieux battement d'ailes suffisaient pour qu'ils lèvent brusquement les yeux et s'arrêtent un instant, l'oreille tendue. Ils vont admirer les ruines archéologiques, qui datent de plus de 600 000 ans et témoignent de l'activité humaine très dense qui prévalait dans cette contrée durant la préhistoire.

Aussitôt arrivés, après avoir mangé des lentilles en boîtes pendant toute cette première partie de leur voyage, ils se gavent de fruits et de légumes sur le marché. Un marché exubérant, coloré comme une kermesse de Rubens, bruyant et épicé de saveurs entêtantes, rempli de visages gais aux yeux vifs, noirs comme des boules d'agate marbrées de blanc. Les empilements de légumes et de fruits exotiques, les cabosses fraîches, tout juste cueillies des cacaoyers et prêtes à être étendues devant les cases pour sécher, les mangues et les bananes vertes, les étoiles des poires de cactus, combien d'autres saveurs et couleurs encore, offertes aux yeux incrédules des deux voyageurs réduits à leur mixture quotidienne de lentilles au lard ! Et les odeurs ! Si différentes des senteurs vivifiantes de chez eux, montant du sol après un orage, des exhalaisons campagnardes de foin coupé, des fumets de bière et de tabac des pubs, des effluves piquants de désinfectant, des puanteurs de poisson réchauffé des cantines scolaires ou même du doux parfum de roses fanées d'un salon déserté, toutes les odeurs de l'Occident réduites dans ce marché à des relents de sueur, à la touffeur des corps, invalidés par la suavité acre des fruits blets et la douceur acidulée des amoncellements de légumes inconnus, joint à l'odeur forte du cuir et des animaux...

Mais profiter de cette manne ne leur porte pas chance, comme on aurait pu s'y attendre après tant de jours de diète. Ils tombent gravement malades et comme il n'y a aucun médecin, ils tentent de manger des cendres de bois pour réguler leurs fonctions intestinales. Mais la dysenterie ne se laisse pas apprivoiser à si bon compte et ils se couchent, de plus en plus faibles, sous leur tente hâtivement montée. Tout à coup, leurs compagnons du réveillon se montrent en ville, l'arrivée des pièces ayant permis la réparation des Land-Rover, et ils les trouvent dans un état pitoyable. C'est la troisième fois que le hasard les fait se rencontrer et cette fois-ci c'est presque une bénédiction ! Ils leur proposent des médicaments contre la dysenterie et Pierre et Michel acceptent leur aide. Malgré le conseil de n'en prendre qu'une demi-cuillère à café, ils n'en font qu'à leur tête et ingurgitent en une seule fois deux grandes cuillères de potion magique. La poudre contient de la morphine et ils sombrent tous les deux dans un état comateux.

Le lendemain, aux premiers criaillements extérieurs, Pierre sort de sa léthargie, se sentant beaucoup mieux. Il ne se souvient d'aucun rêve et ne garde pas trace de cauchemar. Toute brume de sa tête évanouie, le souffle chaud et les yeux grands ouverts, il a déjà faim et se risque hors de la tente pour assister à un spectacle qui le glace d'horreur et le fait rentrer précipitamment : des centaines de vautours sont perchés sur les baobabs qui les entourent et semblent attendre leur prochain repas ! Affolé, il se tourne vers Michel qu'il secoue énergiquement :

« Michel ! Michel ! On est faits ! On va mourir !

– Mais pourquoi donc, Pierre ? Qu'est-ce que tu dis ?

– Regarde les vautours ! Ils nous guettent !

– Mais non, Pierre ! Ils digèrent… »

En effet, la tente est plantée aux abords du marché et en Afrique, ce sont les vautours qui nettoient les places publiques, car, à cette époque, tout est recyclé et la vie se maintient ainsi dans un équilibre naturel. Les oiseaux de proie venaient de faire leur travail d'éboueurs et ils digéraient tranquillement sur les branches des arbres proches ! Il faut admettre qu'il y avait de quoi frissonner, surtout en sortant d'un coma qu'on n'avait même pas vu venir... Remis de leur accès de dysenterie et de leurs émotions, nos deux aventuriers reprennent leur chemin, après avoir remercié chaleureusement leurs anges gardiens qu'ils auront encore l'occasion de rencontrer plusieurs fois, jusqu'au Kenya. Et non sans avoir sacrifié au rituel du thé qu'un Arabe en djellaba bleu fait mousser dans les verres étroits qui brûlent les doigts et les lèvres.

Descendant vers le Niger, ils parcourent les dunes de Temet, les plus hautes du monde, au pied du mont Grebourne, lieu magique et magnifique s'il en est : « C'était fantastique ; chaque nuit, le ciel semblait beaucoup plus encombré que n'importe quelle carte. Chaque fois qu'on levait les yeux sur une constellation, elle semblait un peu différente », rapporte Pierre. Ensuite, ils rencontrent des Canadiens qui les font monter dans leur camion et les emmènent loin de la piste. Ils mettent trois jours pour la rattraper à pied. Le sable ne semble pas avoir de limites définies.

Quand on le contemple du haut d'une dune, il paraît finir à un endroit bien net, à vos pieds, là où commencent à pousser quelques herbes frêles qui vont s'épaississant en montant le long de la pente, mais quand on descend voir de plus près, on ne peut retrouver la limite. Où commence la dune ? Faut-il considérer que ces quelques brins en font partie ou sont-ils un tout avec l'immense étendue qui miroite à l'infini ? En tout, la traversée du Sahara leur prend sept semaines, qui les laissent profondément pénétrés de cette mystique propre au désert.

Ce que Pierre a retenu du désert, c'est qu'on venait y chercher la solitude et un temps pour réfléchir. Le désert vous donne la mesure du décalage entre la vie produite par l'homme, la « vie industrielle » et celle dominée par la nature. On y trouve un espace vide qui permet la spiritualité, et qui, comme la lumière du désert, nous rend capables de nous voir, car il n'y a rien qui nous cache à nous-mêmes. Il a continué à s'interroger sur lui et a fait toute sa vie beaucoup d'introspection.

Chapitre III

L'AFRIQUE NOIRE

« L'idée de culture crée la barbarie »

George Steiner

Pierre et Michel vont-ils comme Ulysse se laisser tenter par un havre, vont-ils pénétrer les secrets des cases ouvertes de l'Afrique ?

Après le Sahara, les voici maintenant au contact de l'Afrique noire et de ses contrastes. Le passé semble les attendre au cœur des villages en pisé dont les ombres s'allongent dans la lumière du crépuscule, un passé qui efface les différences, sur les anciennes pistes de caravanes naviguant entre les dunes au rythme lent des dromadaires posant leurs larges sabots tendres dans la poussière dorée jaspée de reflets métalliques.

Contrastant avec la poésie des lieux, la réalité qui les rattrape est plus prosaïque : les deux voyageurs se font continuellement arrêter par des soldats qui les prennent pour des mercenaires, car ils voyagent en dehors des sentiers battus. Ils en arrivent finalement à la conclusion que l'animal le plus dangereux d'Afrique est le militaire. « Nous devions nous méfier d'eux, car ils avaient toujours le doigt sur la gâchette, raconte Pierre. Nous passions les frontières par de petits postes de brousse. » Un jour, ils sont arrêtés par des soldats alors qu'ils discutent entre eux. Ils sont emmenés au camp où on leur prend leurs passeports et on y met des tampons rouges pour annuler la validité de leurs visas; on les retient sans leur donner à boire ni à manger, assis sur une chaise dans une pièce aux murs nus, face à un militaire qui ne prononce pas une seule parole. C'est de la torture mentale. Finalement au bout de six ou sept heures, Pierre dit à Michel : « J'suis plus capable ! » Se levant avec fureur, il abat son poing sur la table en criant : « Quelle sorte de monde vous êtes ? Vous voyez qu'on est des Canadiens, des voyageurs, vous nous arrêtez, pourquoi ? On est sans arme, on est là pour rencontrer des gens et découvrir l'Afrique. On y a rêvé depuis notre jeunesse et c'est comme ça que vous nous accueillez ? »

Leur geôlier recule et leur demande simplement combien de temps ça leur prendrait pour quitter le pays. « On est à pied, donnez-nous au moins trois semaines ! » On leur rend tout naturellement leurs passeports et on affecte un militaire qui va les reconduire sur la piste !

« On aurait pu pourrir là si je n'avais pas tapé mon poing sur la table. Ça voulait dire : tue-nous ou laisse-nous aller ! » Il faut savoir mettre son pied à terre quand il le faut et ne pas se laisser décourager, voilà la morale qu'en a retirée Pierre.

❖

Cependant, le pire côtoie le meilleur et il leur arrive souvent de se lier d'amitié avec des villageois qui les logent et les nourrissent, et dont l'hospitalité est à la hauteur de leur étonnement en voyant parfois leurs premiers Blancs. Ils sont toujours bien accueillis pendant tout leur voyage. Mais ils sont témoins de l'extrême pauvreté qui sévit dans les villes et villages : égouts à ciel ouvert, canaux bouchés par manque d'entretien, cadavres dans les rues, odeurs nauséabondes, indifférence apparente des passants... Ils en concluent que l'équilibre et la vraie nature ne se rencontrent guère que dans les jungles et les savanes.

Parvenus au centre du Niger, ils traversent un village de lépreux. Pierre nous dit : « Malgré leurs handicaps, leurs plaies, leurs membres tronqués, ils trouvaient le moyen de sourire. Nous ne pouvions pas comprendre, nous étions émerveillés. C'est ça, l'Afrique, mystérieuse, impressionnante, puissante, pleine de bruits et d'odeurs inconnues. La vie est différente, presque primitive, mais elle est équilibrée ».

Pierre se rappelle le mois de février 1972 au Zaïre, où son ami voulait vivre une nuit de magie noire. Lui-même décline l'offre : « Vas-y, moi je reste, c'est trop fort pour moi ». Après le départ de Michel, Pierre se prépare à faire son repas quand arrive une jeune Noire de son âge qui lui fait signe de ne pas dormir à cet endroit. Elle l'emmène à travers la savane ; ils marchent sur des kilomètres ; la nuit commence à tomber. Ils gravissent une colline et Pierre voit au loin les feux d'un village. « C'était comme dans National Geographic », se rappelle-t-il. Le père de la jeune fille l'accueille, un homme immense qui le dépasse d'au moins dix centimètres, avec des épaules carrées et une stature imposante. Ils se mettent à parler et, pendant ce temps, sa fille apporte des rideaux, des chaises, un banc, des bougies... Elle est en train d'aménager une chambre dans la hutte et Pierre est invité à rester dormir. Il nous commente l'expérience : « La fille est restée avec moi. Là, c'était de la magie noire ! »

Le lendemain matin, il se retrouve seul dans la hutte et s'aperçoit que ses affaires ont disparu : plus de sac à dos, plus de vêtements ! Plus de passeport, donc. Mais il se dit qu'il est tellement bien qu'il ne veut pas y penser. Il se retourne de l'autre côté et recommence à dormir. Plus tard dans la matinée, la fille revient avec le petit-déjeuner et lui rapporte son sac à dos avec tous ses vêtements lavés, repassés (les autochtones ne possédaient guère qu'un vieux fer avec des tisons à l'intérieur !) et pliés. Pierre se restaure et au moment de reprendre la route avec sa même guide, décidée à le ramener là où elle l'a pris, le père remercie Pierre de sa confiance. C'est pour lui un instant phare du voyage. Il insiste en racontant l'épisode : « Tu te rends compte ! C'est lui qui me remercie de ma confiance ! C'est beau... »

❖

Au Zaïre encore, Pierre se remémore une anecdote : son ami et lui viennent de passer deux semaines dans la savane, à regarder les girafes qui courent devant eux et à camper à même la terre humide. Ils n'osent pas se laver dans le fleuve, de peur des parasites. Un jour, ils arrivent devant une mission. De beaux grands bâtiments blancs, bien entretenus. Ils frappent à la porte et racontent leur histoire au Père Blanc qui leur ouvre. Ils demandent s'ils pourraient prendre une douche. « Ici, ce n'est pas une auberge », leur répond le missionnaire. Les deux amis s'en vont monter leur tente à proximité. Au bout d'un certain temps, la moutarde monte au nez de Pierre. Il dit à Michel : « On va se laver à la mission. Prends du savon et des serviettes, je veux me doucher ». Ils retournent sonner à la porte et leur air décidé leur permet cette fois-ci d'entrer. À l'intérieur, ils découvrent l'opulence : des décorations en bois exotiques, des meubles en teck, des encadrements de portes en marbre de Carrare, des murs enduits à la chaux d'une couleur tendre comme un nougat, des chaînes Hi-Fi, des Mercedes stationnées dans la cour arrière... Rien de brut, rien de rustique, rien d'aléatoire, la pauvreté et le dénuement sont restés à la porte. Les deux baroudeurs n'en reviennent pas. Pierre s'adresse au prêtre qui les accompagne : « Il avait une grosse bedaine. Je lui ai dit 'toute ma jeunesse, je me suis privé pour donner le dix sous du lait pour les Africains qui n'avaient rien à manger. Mais c'est toi qui as bu mon lait, mon câlice !' »

❖

Pierre et Michel retrouvent encore une fois les Land-Rover et leurs occupants, à Kampala, en Ouganda. Ils passent une soirée ensemble à se raconter mutuellement leurs aventures. Puis, Pierre veut rendre visite au cousin du curé de son village, qui est devenu missionnaire et vit non loin de là, à sept kilomètres de Kampala. Sa mère lui a fait promettre d'aller le saluer. C'est une belle mission, très moderne, sur les bords d'un lac de montagne. Pour ne pas changer, des Mercedes stationnent aux abords. Le missionnaire reçoit Pierre et lui offre une bière, mais très vite, il tente de s'en débarrasser ; il y a une fête à la mission le soir même et il semblerait que le bon curé ne tienne pas à avoir de témoin. Il le reconduit lui-même à Kampala en voiture de luxe. Pierre est ainsi conforté dans sa piètre opinion de la vocation des missionnaires, qui prétendent tout laisser derrière eux pour vivre dans des huttes avec les Africains, pauvres parmi les pauvres...

Les deux amis continuent leur route, rencontrant au gré des savanes, des forêts, des fleuves et des rivières, des girafes, des gorilles, des éléphants, des crocodiles, des hippopotames, des rhinocéros... Ils croisent parfois le dôme pointu d'une termitière, comme un chapeau de fée : une masse compacte et grouillante, dont le grondement leur parvient en sourdine à travers l'averse qu'ils subissent un soir. Dans la nuit qui s'annonce, la forteresse accueille le retour de ses dernières expéditions, longues files serrées empruntant toujours la même route, se hâtant toutes antennes déployées, sur la terre ameublie par la pluie. Mandibules et dards s'agitent fébrilement avant de plonger sans hésitation dans le ventre palpitant de la termitière. Les colonnes d'ouvrières font fi de leur présence, guidées par un seul sens : celui de s'abriter avant la nuit dans les cellules fraîches autour de leur reine.

Ils dorment à la belle étoile et chaque soir peuvent admirer le coucher de soleil, tout rouge à travers les baobabs, puis l'immense nuit africaine et ses milliards de constellations dans un ciel d'une pureté absolue, vierge de toute pollution, la véritable Afrique de carte postale.

Au Kenya, Pierre rencontre à Mombasa un homme d'affaires canadien, qui reconnaît en lui un compatriote grâce au drapeau unifolié qui figure sur son sac à dos et il lui propose de le loger chez lui. Pierre accepte avec joie et son hôte le fait monter dans sa Rolls Royce pour l'emmener dans son immense maison, remplie de serviteurs. Il passe la soirée en famille, à raconter ses aventures. Mais impossible pour lui de dormir dans un lit, après tout ce temps passé à coucher à même le sol ; il s'étend donc au pied du lit, où le domestique noir le trouve le lendemain matin. N'ayant jamais vu de Blanc coucher par terre, il est stupéfait et le croit malade !

Après le petit-déjeuner, son hôte emmène Pierre faire un tour de ville et lui montre son usine, située sur une colline solitaire, entourée de grands arbres sous un ciel parfaitement bleu. L'homme est très fier de son entreprise et Pierre contemple les bâtiments avec de grandes cheminées qui laissent échapper une épaisse fumée. « C'est une belle réalisation, dit Pierre, mais sans vous offenser, votre usine est le seul point de pollution de tout le paysage. » « Je n'y avais jamais pensé », avoue le Canadien. L'écologie n'est pas encore de mode, à l'époque, et la conservation de la nature n'est pas une idée spontanée et prioritaire.

Pierre s'enfonce dans les quartiers noirs de Mombasa, malgré les mises en garde. Il sait que ça peut être dangereux, mais il a sa façon à lui de se mêler aux gens et de se faire accepter. On lui pose des questions et par ses réponses, il sait transmettre à ses interlocuteurs qu'il désire comprendre leur vie, que l'important pour lui, c'est de voir leur quotidien, d'apprendre leurs coutumes. Il n'arrive pas en conquérant et les gens l'acceptent. Il est partout très bien reçu.

Arrivés à Lusaka, en Zambie, Pierre et Michel doivent maintenant se séparer, car ils n'ont pas assez d'argent pour payer les deux cautions leur permettant d'entrer en Afrique du Sud. La décision est prise : Pierre partira devant en stop et renverra à Michel l'argent nécessaire. Traversant le Botswana et la Namibie, il voit énormément d'animaux dans les grands espaces qu'il parcourt, seul avec son jerrican d'eau et ses boîtes de lentilles. Il rencontre aussi des Noirs qui parfois lui font faire un petit bout de chemin sur leurs carrioles branlantes ou simplement l'accompagnent à pied sans façon, juste pour le plaisir de le regarder marcher, comme eux, et d'aller à son côté.

Dans le désert du Kalahari, il se sent seul pour la première fois. Un soir, il décide de faire un feu de brindilles pour lui tenir compagnie, car le ciel est d'un noir d'encre impénétrable. Les dernières lueurs disparues, Pierre s'endort. Au milieu de la nuit, il sent quelque chose de chaud sur ses pieds. Il pense bien que c'est un animal et au matin, il découvre un bébé chacal qui, lui aussi, devait se sentir seul et qui a trouvé dans la chaleur humaine une oasis de sécurité.

❖

Enfin, la frontière de l'Afrique du Sud se profile à l'horizon. Pierre traverse à pied le Transvaal, où il croise un camion dont le chauffeur l'exhorte à monter pour le ramener au Botswana. Il lui dit qu'il va se faire tuer s'il continue, car aucun Blanc n'est admis sur ce territoire. Pierre refuse de refaire la route en sens inverse et le camion poursuit la sienne. Subitement, des Noirs sortent des fourrés et demandent à Pierre ce que le camionneur lui a dit :

« Il m'a mis en garde contre les gens d'ici, il a dit que j'allais me faire tuer et que je devais monter avec lui.

– Oui, il a raison, ici c'est dangereux pour lui. On l'aurait tué s'il était resté. Mais toi, tu peux continuer, tu n'es pas d'ici ».

Pierre marche toute la journée. Il arrive à Johannesburg le lendemain et se précipite à la banque pour envoyer l'argent convenu à Michel.

La merveilleuse aventure de l'Afrique des savanes et des grands espaces restera toujours dans la mémoire de Pierre. Il hume encore les odeurs, ses yeux revoient les plateaux de fruits frais offerts sur les marchés, les amoncellements parfaitement ordonnés de légumes inconnus, les gestes généreux dont il a toujours bénéficié et qui sont une offrande ordinaire des pays pauvres. Moins les peuples ont de biens, plus ils les partagent, voilà la grande leçon de l'Afrique. Il voit encore la lumière du continent, si douce et si violente, les paysages somptueux, les bêtes sauvages, la flore extraordinaire et toute la gentillesse des peuples rencontrés.

Pierre n'a plus d'argent et se rend alors au YMCA pour demander à dormir dans une garde-robe (!). Finalement, on lui ménage une place dans le gymnase. Il se dirige ensuite vers le centre-ville et entre dans un hôtel cinq étoiles. Il est en espadrilles et en short. Il veut parler au chef du personnel. Pierre fait tache dans le grand lobby somptueux où les riches clients viennent chercher leurs clés, aussi le concierge se précipite-t-il pour le diriger vers le bureau du personnel. C'est ainsi que Pierre rencontre le responsable sans aucune difficulté. C'est un Allemand qui s'intéresse beaucoup à son histoire et écoute avec intérêt le récit de sa traversée de l'Afrique. Il lui dit qu'il a besoin d'un garçon de salle ; il va devoir s'acheter un pantalon noir, une chemise blanche, des chaussures noires. Pierre lui explique qu'il n'a pas d'argent. Alors, le directeur du personnel lui tend une liasse de billets en lui disant d'aller s'acheter ce qu'il lui faut et qu'il le remboursera sur sa première paie. Encore un bel exemple de confiance !

Pierre travaille donc comme garçon de table. Il veut être un vrai professionnel et accueille les clients comme s'il les connaissait : « Bonjour Monsieur, bonjour Madame, ça me fait plaisir de vous revoir. Votre table est prête, suivez-moi... » Moins d'un mois plus tard, il s'est déjà bâti une clientèle particulière ; on le demande lors des réservations.

Il habite dans une maison où logent des membres du personnel de l'hôtel. Il a un serviteur. « Tout le monde en avait un en Afrique du Sud, à cette époque, déclare Pierre. J'avais un Noir qui faisait tout le boulot. Je gagnais 100 rands par soir de pourboires ; lui, il en gagnait 50 par mois. Alors, je lui donnais 50 rands en cachette, la moitié de mes pourboires. Il m'appelait 'Master Pierre', mais je lui disais 'je suis ton égal, on travaille ensemble, ne m'appelle pas comme ça'. »

C'est grâce à lui qu'il visite Soweto. Aucun Blanc ne pouvait y entrer, mais lui l'a emmené. C'est un privilège. Sa cousine est domestique dans la maison où il loge et elle traite toujours Pierre de façon spéciale ; elle lui fait des plats particuliers, il est vraiment gâté par rapport aux autres, qui ne comprennent pas pourquoi Pierre jouit de ces faveurs singulières.

Quand il décide de quitter l'hôtel pour continuer son voyage, il donne à son serviteur tous ses vêtements.

Ensuite, il prend la direction de Cape Town, où il veut trouver un bateau sur lequel se faire embaucher. Il va directement au port et fait le tour des compagnies de navigation pendant deux semaines. Finalement, n'étant pas marin, il comprend qu'il doit trouver une astuce pour se faire remarquer. Il va au *Cape Town Argus*, le journal de la ville, et il demande à parler à un journaliste : « J'ai une histoire à raconter. Je viens du Canada et j'ai traversé toute l'Afrique à pied. J'ai de quoi faire un article, je ne demande que le dernier paragraphe pour moi, un steak et une bière ».

Le journaliste est amusé et conquis par la personnalité de Pierre, et il l'invite au restaurant. Pierre finit donc l'article en annonçant qu'il veut poursuivre son voyage et qu'il cherche un emploi sur un cargo, où qu'il aille. Le lendemain, il reçoit un télégramme d'une compagnie maritime suédoise qui est prête à lui offrir un poste sur un de ses navires en route vers le Brésil.

Pierre retire de cette expérience un enseignement qu'il transmet à tous : parlez à la bonne personne, sachez communiquer, persévérez dans le but que vous voulez atteindre.

❖

Le mois d'octobre voit donc le terme du voyage. Il est temps pour Pierre de secouer la poussière de ses sandales et de la laisser s'envoler vers le désert d'où elle vient ; si doux soit le sable d'Afrique, Pierre doit y jeter un dernier regard et se tourner vers le pays qui l'attend.

Le navire se trouve à l'ancre à 16 kilomètres au large et les marins sont amenés à bord sur une annexe. La mer est très houleuse et les vagues se brisent avec fracas contre la coque du grand bateau qui s'élève à 20 mètres au-dessus de la petite coquille de noix où se trouvent les marins. L'un après l'autre, avec l'habileté que leur confère l'expérience du métier, ils sautent sur l'échelle de corde qui bat le long du flanc du navire et grimpent comme des singes jusqu'au plat-bord. Quand vient le tour de Pierre, il ne peut se décider. Le pilote lui crie de sauter. Son bagage est déjà monté dans le filet et Pierre est le dernier. « Je passe encore une fois seulement, si tu ne sautes pas, je m'en vais ». Pierre n'a pas le choix, il s'agrippe de toute la force de ses mains à la grande échelle qui ballotte contre la coque avec un bruit mat, tandis que ses pieds cherchent frénétiquement le premier échelon, qu'il sent enfin sous ses semelles. Il est sauvé ! Il monte avec difficulté et quand il arrive sur le pont, il s'aperçoit qu'il est absolument seul. Personne ne l'a attendu, personne n'est là pour l'accueillir. C'est chacun pour soi et Pierre doit se débrouiller tout seul pour trouver sa cabine et son affectation. L'atmosphère du navire sera bizarre tout au long de la traversée. Il ne rencontrera plus la chaleur humaine dont il avait été entouré jusque-là, et pendant trois semaines, Pierre va travailler sur le pont sans beaucoup d'échanges avec les autres marins.

Pierre a l'intention de remonter l'Amérique du Sud à pied. Mais quelque chose lui dit de rentrer chez lui sans attendre. Il prend donc un billet d'avion pour New York sans visiter le Brésil. Le retour à la civilisation est dur : à l'aéroport, devant les carrousels de bagages, Pierre attend son sac à dos, auquel est attachée la gamelle de fer dans laquelle il a réchauffé ses lentilles pendant dix mois. Soudain, un voyageur lance une pièce dans la tasse. Pierre est choqué et se sent insulté, il saisit la pièce et la jette au loin à toute volée, avant de se diriger vers la station de bus pour accomplir la dernière étape de son voyage et se retrouver à Montréal, PQ...

Partie 4
Rigaud

*« Un voyage se passe de motif. Il ne tarde pas
à prouver qu'il se suffit à lui-même.
On croit qu'on va faire un voyage, mais bientôt
c'est le voyage qui vous fait, ou vous défait. »*

Nicolas Bouvier

Chapitre I

LE RETOUR

De retour de Montréal après tant de mois d'errance, un autre choc culturel attend Pierre au terminus de bus Berry de Montigny, après le geste jugé insultant qu'il avait essuyé à l'aéroport de New York. Alors que presque partout, surtout dans les pays où la misère règne et où la civilisation est loin d'avoir apporté tous les bienfaits qu'on aurait été en droit d'attendre, il a toujours été accueilli avec la joie et le sourire, ici, au royaume de la surconsommation où l'on a tout – et toutes les raisons d'être heureux –, les gens sont tristes, résignés, maussades et comme recroquevillés sur leurs vies étroites. Personne ne lui parle, personne ne le regarde. Les passagers du bus qui le ramène à la maison ont l'air fatigué et blasé. Son frère l'attend à l'arrêt de Beaurepaire et après quelques effusions sans grande chaleur, comme s'il revenait d'une semaine de vacances dans le Maine, il le conduit à la maison familiale.

Chez ses parents, Pierre est pourtant accueilli en fils prodigue. Il est fêté, on le questionne, l'ambiance est chaleureuse, un feu crépite dans la cheminée pour célébrer son retour. Ses parents sont réellement heureux de le revoir et le manifestent éloquemment par la sincérité qu'il lit sur leurs visages. Au salon, alors que tous semblent être assis autour de lui pour l'entendre raconter ses aventures, il entreprend avec fierté de retracer ses péripéties, jusqu'au moment où son frère l'interrompt pour lui dire : « Pierre, le tableau n'est pas droit, derrière toi, redresse-le ». C'est comme une douche froide pour le voyageur, qui se rend compte soudain qu'à part ses parents, le reste de la famille est complètement indifférent au récit de ses aventures.

Certains vont même jusqu'à lui dire de ne pas en parler à ses neveux et nièces, de crainte sans doute qu'il ne les influence défavorablement. En dehors du cercle familial, ses amis, qu'il revoit après une si longue absence, ne paraissent pas davantage curieux ou tout au moins intéressés. À la taverne, lieu pourtant propice aux échanges et aux nouvelles colportées par les uns et les autres, les gens ont l'air distant, voire indifférent. Pierre comprend alors que la communication ne passe plus : sa vie est devenue trop dissemblable de celle des autres et leur renvoie la signification de leur propre banalité. Ses amis comme sa famille ne comprennent pas vraiment l'envergure de ses expériences et leur caractère extraordinaire. Il croyait être accueilli presque comme un héros et s'aperçoit qu'il n'en est rien.

Pour en avoir le cœur net, il va trouver son père :

« Papa, j'ai besoin de savoir ce que tu penses profondément de moi. L'opinion des autres ne compte pas dans ma tête, mais la tienne est très importante. Dis-moi franchement comment tu me vois aujourd'hui.

— Pierre, tu es fort, déterminé. Ne change pas, continue à réaliser ce que tu penses devoir faire. Tu as accompli des choses fantastiques, tu es courageux, écoute tes tripes. Tu sauras toujours comment trouver sur ton chemin la bonne personne prête à te donner un coup de main quand tu en auras besoin et te porter là où tu dois te rendre ».

Ce discours le réconforte, lui redonne confiance en lui et lui fournit des ailes pour entreprendre la suite du chemin de sa vie. « Comme je n'avais pas d'argent pour m'offrir un psychologue, je me suis psychanalysé moi-même. Je me suis dit que je n'étais peut-être pas adapté à la société d'aujourd'hui, mais que plus vraisemblablement, c'était plutôt la société d'aujourd'hui qui n'était pas adaptée à moi, à mes valeurs, mes motivations et mes interrogations. Ma première impulsion me conduisait presque instinctivement à poursuivre mon voyage vers de nouvelles destinations. L'Australie et la Nouvelle-Zélande me tentaient beaucoup, mais j'ai pensé que la société qui m'entourait et à laquelle j'appartenais, que cela me plaise ou non, ne changerait pas et que c'était donc à moi d'interagir avec elle. Il m'est alors venu à l'idée de faire comme si j'étais en voyage au Québec : accomplir ma recherche de la vérité de la même façon qu'en parcourant le vaste monde, avoir la même curiosité, le même esprit d'ouverture et la même volonté de faire bouger les choses... Mais, pour cela, il fallait que je me trouve un vrai travail pour entreprendre cette nouvelle étape de ma vie, car on ne voyage pas ici avec seulement quelques pièces dans ses poches, sans tomber dans le vagabondage ! »

Par l'intermédiaire d'un ami, Pierre est mis en relation avec une compagnie d'Atlanta, en Géorgie, qui œuvre dans l'industrie du papier et cherche du personnel en relations publiques pour le Québec. Il envoie son curriculum vitae en racontant un peu sa philosophie de vie et il est finalement embauché. Le voici maintenant dans une grande société internationale, à faire du neuf à cinq et parfois davantage. Un jour dans l'avion qui le conduit à Atlanta, en lisant *Times Magazine* pour meubler son temps, il remarque une photo pleine page d'un cimetière. Sur une pierre tombale, en gros plan, on peut lire : « Ci-gît le cerveau de X qui, à 40 ans, a cessé de penser ». Une image-choc et des mots pesant une tonne qui font naître en lui une profonde réflexion. Il se dit aussitôt : « C'est tout à fait moi, je n'ai même pas 40 ans et je suis en train de cesser de penser. Si je continue cette petite vie, je vais arriver à la fin sans avoir rien accompli ».

Il donne donc sa démission après trois mois seulement, mais son patron ne comprend pas et lui offre un meilleur salaire, assorti de conditions encore plus avantageuses ! Pierre lui explique que le problème ne réside pas dans la rémunération, mais dans ce qu'il veut faire de sa vie, que sa décision est prise, qu'il ne sait pas encore où se diriger, mais qu'il part.

L'ANCRAGE

En discutant avec un de ses amis, il apprend que ce dernier cherche à investir dans un terrain à la campagne. Il lui propose de s'occuper de lui trouver une opportunité intéressante. Assez rapidement, il met la main sur un très bel emplacement sur le chemin du Petit-Brûlé à Rigaud. Le site est magnifique, admirablement placé sur le bord de la rivière, avec une vue imprenable sur la montagne. Il en négocie le prix, mais quand il en parle fièrement à son ami, celui-ci lui avoue que c'est à Hudson, un petit village situé à proximité, que son choix le porte. Le premier moment de stupeur passé, Pierre décide d'acheter le terrain et d'entreprendre lui-même la construction de

1. Les parents de Pierre.
2. La première maison des parents de Pierre en Beauce (1922).

3. Un repas familial. Pierre, au fond à côté de son père, y trouve l'origine de sa vocation... (1952).
4. Photo de famille. Pierre, le cadet, est au milieu (1956).

5. Pierre en receveur.
6. Dans l'équipe de base-ball « L'Étoile » de Beaconsfield.

7. Pierre (6ᵉ à partir de la gauche) à la cabane à sucre de son oncle
8. Pierre avec sa mère et ses 4 sœurs

9. En vacances à Old Orchard Beach (Maine) dans les années 60.
10. Le temps des sucres dans les années 70.

11. Le père de Pierre et sa jument qui lui obéissait au doigt et à l'œil, mais surtout… à la parole !
12. Un oncle de Pierre, parmi les 28 enfants de son grand-père Lafontaine !

13. L'appel du grand large.

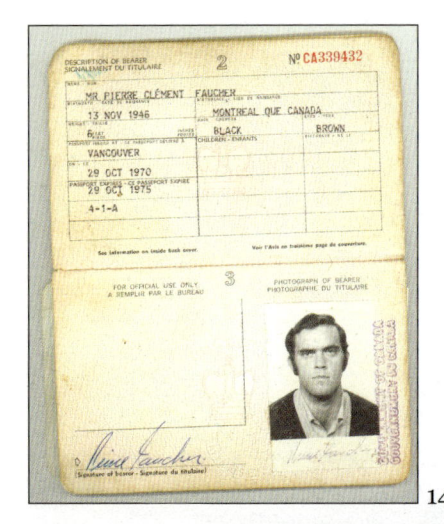

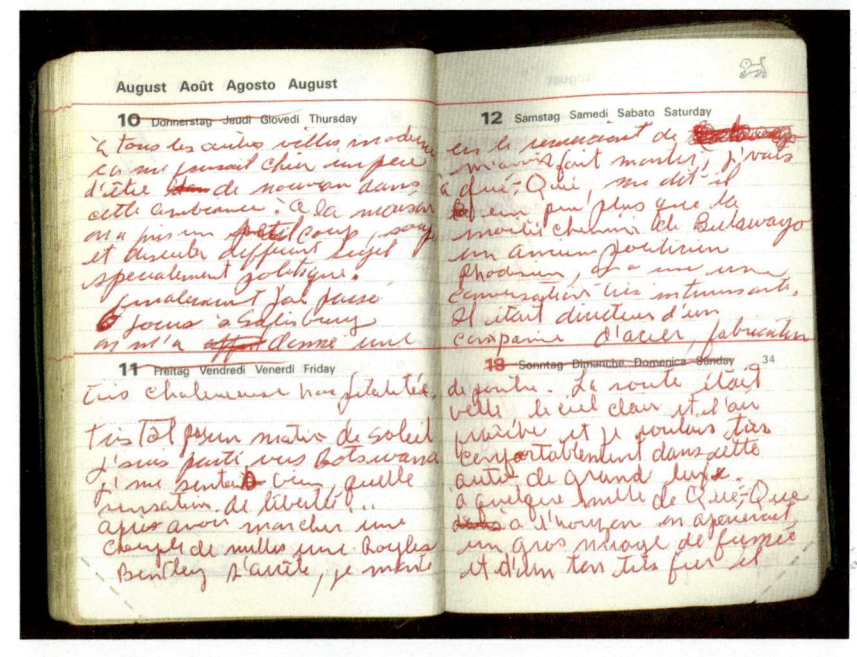

14. Le passeport de Pierre renouvelé à Vancouver,
    avant son départ pour l'Europe
15. Pierre en randonnée dans les Alpes suisses.
16. Le carnet de voyage de Pierre.

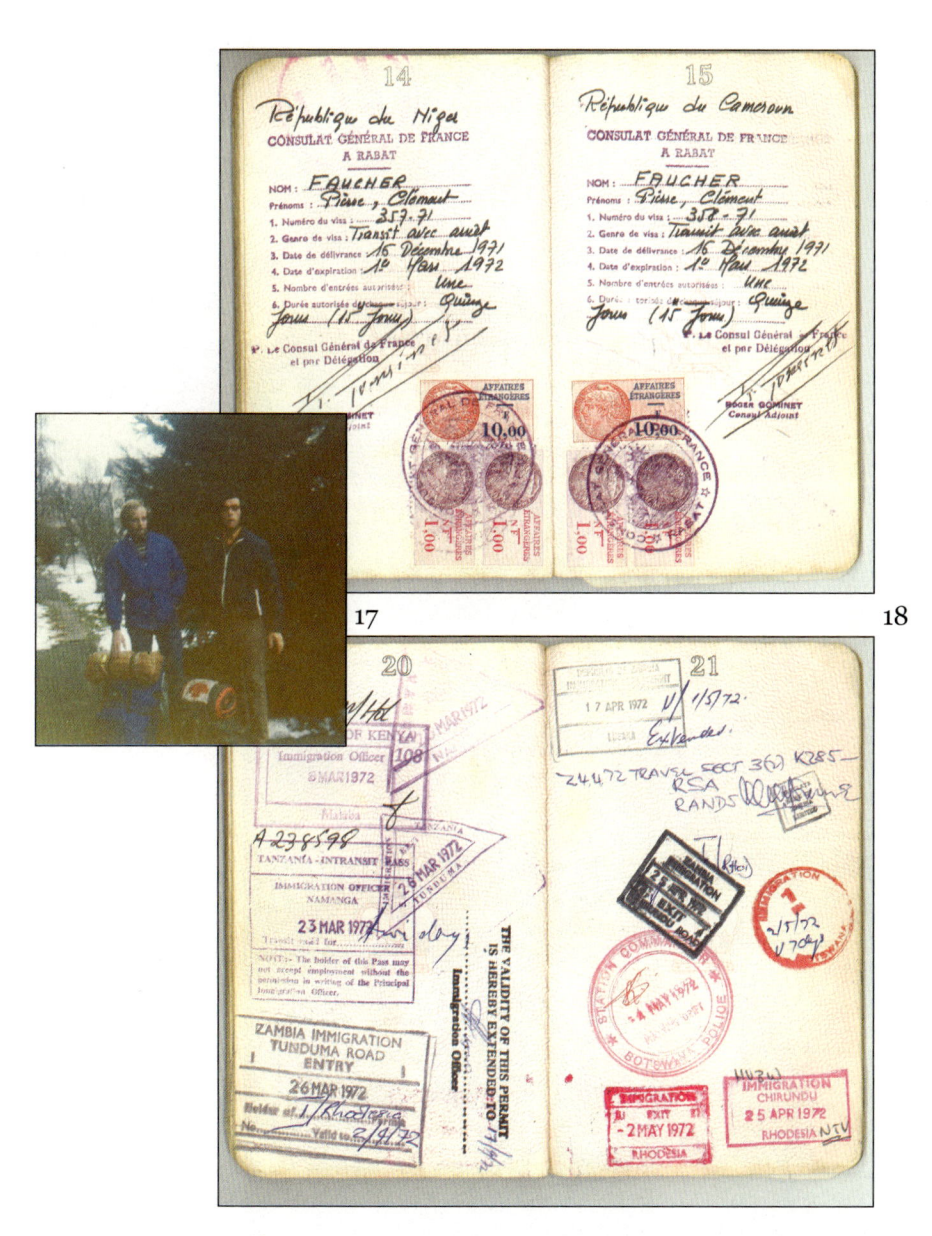

17. Au départ de la Suisse pour l'Afrique.
18. Visa pour le Niger et le Cameroun et visa pour différents pays d'Afrique.

19. Maroc. Avec le petit voleur « repenti » et son frère.
20. Maroc. Pierre et Michel partagent le couscous.

21. Devant les puits de pétrole du Sahara algérien.
22. La traversée du Sahara.

23. Au poste frontière entre l'Algérie et le Niger.
24. République Centrafricaine. Pierre, devant une termitière géante.

25. En République Centrafricaine.
26. Après l'effort du voyage... le réconfort sur les plages d'Afrique du Sud.

27. Pendant la traversée d'Afrique du Sud au Brésil.

28. Pierre et Sandy devant leur boutique Bo Jeans de Rigaud.
29. Le père et le fils, bébés: un air de famille...

30. M. et Mme Seguin. « Si tu les veux, la cabane et la terre à sucre sont à toi. » (Noël 1978).

31. La cabane initiale (1978).
32. Ça prend du bois pour bouillir !

33. La cabane des débuts. Construction de la petite salle (1979).
34. Récolte de la sève (1979).

36. Construction de la maison familiale (1977).

37. Pierre en 1981...
38. Pierre en 1992.

39. L'agrandissement de la petite salle est enfin terminé… (1981).
40. Pierre entre Normand et Richard, ses compagnons de chantier.

41. Les premières réservations.

42. En attendant le client...
43. Pierre et Stefan surveillant la première coulée de sève.

44. Pierre et Stefan.

45. Photo de la famille – presque au complet (la femme de Stefan, Véronique, avec Rose dans ses bras, attend la petite Justine qui verra le jour en mai 2012), Pierre et le loup « Loulou ».

46. Pierre, Véronique et Stefan (2008).
47. La grande salle en effervescence.

48. Avec Myriam Bédard, double médaillée d'or aux
    JO de Lillehammer (1994).
49. Salon du Canada pour la candidature de Québec aux JO de 2002.

50. En compagnie de lapons en costume traditionnel.
    Lillehammer (1994).
51. Avec Jean-Luc Brassard, médaillé d'or en ski acrobatique.
    Lillehammer (1994).

52. Au Japon, des geishas sous le charme de Pierre...
53. En tournée de promotion avec l'équipe d'une mission touristique, à Genève, dans les années 90.

54. Les produits de la forêt.
55. Pierre en pleine démonstration devant un groupe de congressistes venus du monde entier.

56. Pierre, tout à sa vision d'un nouveau projet...
57. Comme, par exemple, le lançement à Grasse en France à l'été 2012, d'un nouveau parfum... d'érable !

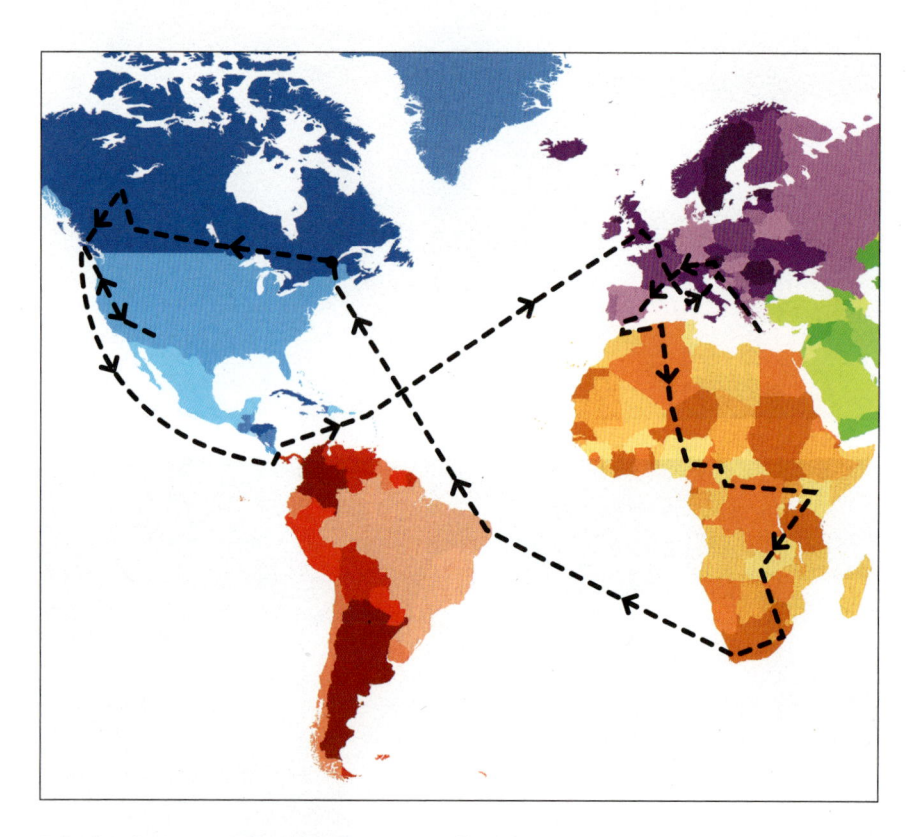

Itinéraire complet des voyages de Pierre

Québec, Ontario, Manitoba, Saskatchewan, Alberta, Territoires du Nord-Ouest, Colombie-Britannique, État de Washington, Californie, Nouveau-Mexique, Vancouver, canal de Panama, mer des Antilles, Atlantique Nord, Angleterre, France, Italie, Ex-Yougoslavie, Grèce, Crète, Grèce, Ex-Yougoslavie, Autriche, Suisse, France, Espagne, Gibraltar, Maroc, Algérie, Niger, Nigéria, Cameroun, République centrafricaine, Zaïre, Ouganda, Kenya, Tanzanie, Zambie, Botswana, Afrique du Sud, Atlantique Sud, Rio de Janeiro, New-York, Montréal.

sa propre maison. Comme il a l'habitude de donner de temps en temps un coup de main à M. Lefèvre, qui possède à proximité une petite cabane dans le bois et récolte du sirop d'érable, ce dernier lui propose un jour : « Je vais t'aider à construire ta galerie et toi, tu viens m'aider pendant le temps des sucres ». L'affaire est entendue et Pierre se met à courir les érables avec encore plus de diligence pour M. Lefèvre. Il découvre qu'il aime vraiment travailler dans la nature, participer au cycle de production du sirop, vivre les saisons comme le faisaient les Indiens avant d'apprendre aux Européens les rudiments de la fabrication du produit. Il se donne à fond et ne regarde pas son temps.

❖

Car c'est là que tout a commencé, dans la lumière assourdie des premiers jours de printemps, sous les nuées d'oiseaux revenus de leur longue migration, les vols d'oies qui traversent le ciel en longues effilochées oscillantes, dans les rangées de feuillus encore nus, parmi les troncs brillants de rosée du petit matin.

Comme répondant à un appel inaudible, Pierre « tombe en amour » avec la beauté de la forêt, la tranquillité de la montagne, la vie marquée au rythme des saisons, le travail de l'érablière accompagné du seul chant des oiseaux. Sur le chemin de la grande côte, au fond de la forêt, dans cet univers dépourvu de présence humaine, Pierre connaît sa grande passion : vivre le bois à la façon dont ses ancêtres l'ont vécu, avec tous leurs souvenirs, les histoires de ses oncles dans les camps isolés de bûcherons, les parties de sucre chez son grand-père en Beauce, les nuits froides où la sève des érables monte à l'assaut des troncs... Le secret délivré par la nature qui unit chaque forêt du monde à une forêt unique, celle de ses aspirations.

Le lien est fait après le grand vent d'aventure qui a soufflé dans ses voiles. Il repose ses pieds sur terre et les y ancre solidement, et pour longtemps, puisque trente ans plus tard, ils y sont encore !

Dans la révélation de ses aspirations profondes, Pierre trouve sa propre route, tracée par ses pères, mais différente de la leur, creusée au cœur du pays qui l'a vu naître. Ainsi en est-il de nous tous : savoir écouter la rumeur des ancêtres pour se forger sa propre destinée.

Chapitre II

RIGAUD

En 1976, Pierre rencontre sa femme, Sandy, alors qu'elle visite la région comme guide d'un groupe d'Inuits d'Alaska qui vendent des sculptures pour le compte de la Fédération du Nord-du-Québec. Sandy vient de l'État de Washington, où elle travaille dans la gestion de la marina de sa mère, à Seattle. Elle est l'héritière d'une longue lignée de pionnières : son arrière-grand-mère a traversé tout le continent en voiture à cheval, seule, pour aller rejoindre son mari, bûcheron dans l'Oregon. Sandy tient sûrement d'elle cette détermination et cette ardeur au travail que l'on prêtait aux découvreurs des grands espaces américains. Il l'invite à passer la soirée à Pointe-Claire, dans la petite maison qu'il louait alors dans le vieux village, près du lac. La soupe devait être bonne, et la louche fureteuse... puisque Sandy restera deux mois avec lui, laissant les Inuits repartir sans elle. Elle retourne ensuite régler ses affaires avec sa mère. Ils se marient à Seattle en décembre de la même année.

Le jeune couple emménage dans la maison de Pierre à Rigaud et Sandy s'installe dans sa nouvelle vie. Pour faire bouillir la marmite, ils reprennent une franchise de Bo Jeans, dans la rue principale de Rigaud. Pierre rencontre alors monsieur Seguin, qui est propriétaire de La Sucrerie de la Montagne, alors une toute petite cabane établie en haut des monts de Rigaud. Monsieur Seguin n'arrive pas à fournir à l'ouvrage, car il est seul, et Pierre commence à travailler avec lui, tandis que Sandy s'occupe du magasin. Monsieur Seguin se plaint qu'il ne vend pas assez vite ses gallons de sirop d'érable et que sa cave commence à se remplir. Pierre porte les bouteilles de sirop à Montréal, où il vend toute la production en peu de temps. Il confie alors à monsieur Seguin que s'il veut vendre son érablière, il n'a pas à aller chercher bien loin l'acheteur... Monsieur Seguin ne répond pas; il a huit enfants et Pierre n'a pas beaucoup d'espoir. Il oublie sa proposition et continue à travailler avec lui. À l'automne, il coupe le bois pour l'année suivante.

Noël venu, il invite monsieur Seguin et sa femme à réveillonner :

« Joyeux Noël, Monsieur Seguin !

– Joyeux Noël, Pierre ! J'ai un cadeau pour toi...

Pierre jette un coup d'œil curieux dans la voiture :

– Non, c'est autre chose : si tu les veux, la cabane et la terre à sucre sont à toi. On discutera du prix après le Nouvel An ».

Pierre n'en revient pas et ne peut cacher son émotion : le bateau est définitivement ancré en terre du Québec. Et sa satisfaction : à 32 ans, c'est le plus beau cadeau qu'il aurait pu recevoir, car il va enfin pouvoir travailler pour l'avenir. Il pense à son fils, Stefan, qui vient de naître.

En février 1979, Pierre et monsieur Seguin se retrouvent chez le notaire pour la signature. Pierre paie comptant et monsieur Seguin lui remet la vieille clé de la cabane. Pierre lui rend la clé en lui disant avec un petit sourire en coin : « Monsieur Seguin, je vous ai donné des billets neufs, je veux une clé neuve. Vous, vous gardez celle-là ». C'est sa façon à lui de demander à monsieur Seguin de conserver sa place en l'aidant et en le supervisant dans les activités de la Sucrerie. Ce dernier jouera amplement son rôle en traitant Pierre comme son propre fils et Pierre, de son côté lui en sera éternellement reconnaissant et le considérera comme un second père.

❖

La cabane initiale ne comporte alors que deux poêles à bois et ne possède ni cuisine ni eau courante. Or, au village de Rigaud se trouve un traiteur, Le Paysan, qui est client du magasin Bo Jeans. Il avoue un jour à Pierre que l'hiver est une mauvaise saison pour lui, car, passé les fêtes, il voit sa clientèle fondre jusqu'au mois de mai. Pierre lui propose de livrer toute la nourriture pour la cabane au temps des sucres. Les repas complets arrivent donc prêts à être consommés. Pierre est soulagé. Monsieur Seguin, qui ne se doute de rien, car Pierre s'est bien gardé de le mettre dans la confidence, se demande comment ce dernier peut bien faire pour servir autant de clients sans avoir de cuisine. « Je travaille jour et nuit, Monsieur Seguin ! » Mais une fois, comme on pouvait le prévoir, il assiste à l'arrivée du camion du Paysan et comprend alors l'adroite manœuvre...

Cependant, la clientèle héritée de l'ancienne cabane est difficile : les gens viennent avec leurs caisses de bière, ils se saoulent et parfois même se battent. Pierre veut changer ça. Et, pour ce faire, il imagine un concept qui sera à la base d'une réussite sans égale au Québec, et pas mal loin alentour. Comme quoi, d'autant plus quand on s'appelle Pierre Faucher, on peut être prophète en son pays ! Son idée est de relier le patrimoine québécois à la Cabane à sucre en montrant la façon dont vivaient les premiers arrivants, avec les lampes à huile, les anciens outils aratoires, les grandes tables de bois autour desquelles s'asseyaient sur des bancs les nombreux membres des familles de l'époque...

Il est inspiré par les récits de Gilles Vigneault et de Félix Leclerc ; il se souvient aussi des histoires que racontait son grand-père. C'est la vie rude et proche de la nature qu'il veut recréer dans le bois. Il a en tête une cabane à sucre authentique, comme une vraie maison des débuts de la colonie, où tout un chacun pourra, le temps d'un après-midi ou d'une soirée, oublier les trépidations de la vie moderne et revivre au coin du feu des émotions et des plaisirs simples, au rythme d'autrefois quand on savait laisser du temps au temps et que l'on ne s'agitait pas excessivement comme on le fait aujourd'hui où il semblerait qu'une journée ne compte pas assez d'heures !

❖

Pour donner corps à son idée, Pierre commence par faire venir l'eau courante et adjoint une petite cuisine ; puis il donne un nouveau décor à la salle en lui faisant faire un bond de cent ans dans le passé, change le menu, le complète, améliore considérablement la qualité des mets et des recettes, et augmente finalement ses prix pour se démarquer de la cabane à sucre ordinaire. Dans le même souffle, pour attirer une clientèle un peu plus huppée, pour qui la qualité prime la quantité et à qui Pierre offre les deux, il élabore un dépliant publicitaire qu'il veut classique, le fait tirer à plusieurs milliers d'exemplaires qu'il distribue partout à Montréal, lui-même, en travaillant de sept heures du matin à huit heures du soir tout janvier et tout février. Ces efforts ne sont pas vains : la clientèle, non seulement se fait plus nombreuse, mais commence petit à petit à changer.

En mars 1979, le réseau de télévision canadien de langue anglaise CTV déplace une équipe de tournage pour faire découvrir la cabane. C'est ainsi que Pierre bénéficie d'un reportage de huit minutes à l'heure de pointe. Les retombées ne se font pas attendre et Pierre voit avec fierté son rêve prendre forme.

Aussi, en 1981, décide-t-il de frapper un grand coup et d'agrandir les lieux : en démontant une vieille grange, dont il récupère les matériaux qui ont presque 100 ans d'âge, il parvient à adjoindre à la petite cabane initiale une autre salle plus grande, dans le même style, avec du bois d'époque. Les résultats sont à la hauteur de l'initiative et La Sucrerie de la Montagne se démarque des autres. Pierre a gagné son pari et fait la preuve qu'on peut innover dans le genre. Les gens apprécient de vivre une expérience unique de retour, non pas dans le futur, mais dans le passé, avec une nourriture de premier choix pour magnifier des recettes de sa grand-mère, qui font du repas de temps des sucres, généralement de piètre qualité, un véritable festin. Les commentaires sont unanimes : jamais on n'a mangé de meilleures tourtières, ragoûts de boulettes et oreilles de crisse, ni savouré de meilleures omelettes au lard, car celles de la Sucrerie sont soufflées et savoureuses, sans parler des crêpes accompagnées du merveilleux sirop d'érable produit sur place de façon traditionnelle, à l'ancienne et non à la mode industrielle !

❖

La clientèle ne tarde pas à suivre. La cabane connaît l'affluence. Après le temps des sucres vient la fermeture ; Pierre aimerait ouvrir à longueur d'année, mais il ne sait pas comment faire pour maintenir sa clientèle en dehors des périodes traditionnelles.

Il pense depuis longtemps à travailler avec le secteur touristique, pour bénéficier de cette manne qui vient découvrir le Québec aux quatre saisons, mais c'est l'inconnu pour lui. Il commence donc à consulter les journaux touristiques pour voir comment les annonces sont conçues. Puis, un jour, au coin de l'autoroute 40 et de la montée Lavigne, où se trouve la Sucrerie, il remarque un autobus américain arrêté sur le terrain de la station-service pour permettre à ses passagers de savourer des cornets de crème glacée. Pierre s'adresse au chauffeur, originaire des États du Sud, pour lui expliquer ce qu'est sa Sucrerie, à peine un peu plus loin dans le bois, sur la montagne, et lui demander comment faire pour attirer les touristes dans son établissement au lieu qu'ils s'arrêtent platement sur le bord de l'autoroute. Il explique qu'il est juste à quelques minutes de là. Le chauffeur se borne à lui répondre : « Je ne sais vraiment pas. Je suis juste le chauffeur ». Pierre est surpris et un peu découragé : il réalise qu'il faut aller frapper aux portes pour « vendre » son entreprise.

❖

Il décide de commencer par celles de Tourisme Québec, où il est assez mal reçu et où on lui dit carrément qu'on ne veut pas d'« habitants* » dans l'industrie touristique ! Aussitôt, Pierre associe le terme « habitant* » à l'idée de paysan et comme paysan rime avec le ministère de l'Agriculture, il s'y rend. Bien lui en prend, car il est très bien accueilli et la personne qui le reçoit se rend à la cabane peu de temps après. Elle est enchantée : « Pierre, tu es un précurseur, c'est exactement ce qu'il faut faire, mettre en évidence le terroir québécois dans une atmosphère authentique ». Les relations se nouent et Pierre est sollicité pour animer la foire agricole au Parc olympique. Il y reçoit 1 000 personnes par jour et travaille presque 24 heures sur 24 à cuisiner et apporter les repas de la Sucrerie au stade. Le succès est immédiat et lui fournit la preuve que son « produit » n'est pas cantonné aux limites de son établissement. Une leçon dont il tirera bientôt grand profit et qui le mènera aux quatre coins du monde porter bien haut la bannière du tourisme à la canadienne !

En 1980, devant l'expansion prise par l'entreprise, lui et sa femme vendent le magasin Bo Jeans de Rigaud et Sandy vient travailler à la Sucrerie. Cependant, elle s'absente six mois par an pour vivre avec sa famille à Seattle, en emmenant leur fils Stefan. Pierre ne pouvant donc pas compter sur sa présence, il confie le fonctionnement de la Cabane à sa belle-sœur et se consacre au développement. En 1982, il construit la boulangerie, qui vient admirablement bien compléter les installations déjà existantes, tout en lui permettant d'offrir à meilleur coût – et meilleur goût – un pain de campagne parfaitement adapté à la situation. La Cabane actuelle se profile déjà.

Un jour de 1984, le ministère de l'Agriculture, qui ne l'a pas oublié, lui annonce la visite d'une soixantaine de journalistes. À l'époque, Pierre travaille avec une seule serveuse. Il doit donc s'activer à faire le pain (qui, dit-il, ressemblait plus à de la brioche) et préparer les repas pour 60 personnes. L'autobus arrive en avance, tout n'est pas prêt. Il se met à courir, transportant le pain de la boulangerie dans ses bras. Tout le monde est emballé par ce personnage pittoresque, on prend des photos, on aide au service, on interroge Pierre, on prend des notes, on transporte les assiettes à la cuisine... C'est comme les retrouvailles d'une grande famille. Dans la semaine qui suit, La Sucrerie de la Montagne fait 60 premières pages et les photos de Pierre sont partout dans les magazines touristiques.

Notre homme ne manque alors pas de se précipiter chez Tourisme Québec pour leur montrer ce qu'un « *habitant* » est capable de faire. Reconnaissant leur erreur, les fonctionnaires font amende honorable en amenant une délégation du Québec à la Sucrerie. Après une visite des lieux qui la comble d'aise, Nicole Labonté, directrice de la revue Tourisme Québec, propose de lui apporter la clientèle de son magazine en échange d'annonces. Toute l'industrie du tourisme découvre les messages de Pierre. Il est maintenant bien connu et sa photo le représentant à côté du feu avec une brassée de bois accroche tout le monde.

Nicole Labonté l'introduit ensuite auprès des compagnies aériennes avec lesquelles elle fait régulièrement affaire : Air Canada, Air France, CP Air,

British Airways... Toute l'industrie touristique se régale alors du menu de la Sucrerie. Pierre témoigne : « J'ai rencontré tous ceux qui m'ont aidé à développer ma cabane et je les ai aidés à développer l'industrie touristique. On s'est regroupés et on a bâti une équipe de communication. Je n'aurais pas été capable de payer la publicité pour faire connaître ma Sucrerie, et même si j'avais pu, ça n'aurait pas été pareil. La volonté des gens, c'est beaucoup plus important que l'argent ». En 1985, il fait toutes les foires, les salons touristiques du voyage, il va à Londres, Berlin, Genève... Il fait partie de toutes les associations de voyage canadiennes et américaines.

L'affluence est maintenant trop importante pour les deux petites salles et il décide donc de construire la partie plus grande, qui triple la superficie utilisable et se voit agrémentée d'une imposante et admirable charpente en bois d'époque et d'une cheminée monumentale, dans laquelle on peut se tenir debout... une fois le feu de bois éteint ! Il est aussi nécessaire d'agrandir la cuisine. Ces travaux d'envergure font craindre un instant que l'atmosphère ne soit plus au rendez-vous, mais Pierre fait très attention à la conserver : il s'arrange – par une disposition astucieuse du nouveau bâtiment et en faisant réaliser une vaste entrée pavée d'ardoises qui repousse la grande salle à l'arrière – pour que les lieux ne paraissent pas plus grands de l'extérieur et il donne à l'intérieur une ambiance réellement magique. Monsieur Seguin est toujours là pour l'aider à réaliser ce vaste projet de construction. Pierre choisit des pierres de fonds de rivières pour le sol du vestibule, car elles insufflent une bonne énergie. L'immense foyer est toujours prêt à recevoir un grand feu, avec ses marmites suspendues. Pierre veut reconstituer le feu de bienvenue que son père lui avait préparé quand il était rentré de son voyage d'Afrique. Le foyer crépite à l'arrivée de tous les clients, que ce soit dehors en été – façon feu de camp indien, sous un trépied auquel pend une vieille marmite de fonte noire – ou à l'intérieur en hiver, dans les cheminées de pierre qu'on retrouve dans chacune des salles.

En 1985, Pierre devient membre de l'Office des congrès. Il invite les directeurs des grands hôtels à venir découvrir la Sucrerie. Même s'ils apprécient l'endroit et la façon chaleureuse dont Pierre l'a aménagé, ils pensent que la clientèle des congrès est trop « riche » pour manger sur de simples tables de bois et que ça ne marchera pas. Pierre n'est pas d'accord : « J'ai dit : 'ça va marcher, c'est juste une question d'opinion' ». Il prend les listes de tous les congrès prévus à Montréal dans les cinq années à venir et il envoie toutes les informations sur sa Cabane. Il rémunère Julie, la secrétaire de l'Office, qui l'aide à établir ses listings et à faire les envois.

Le premier voyage de motivation qui fait halte chez lui est celui de General Motors Michigan. Les Américains sont tellement enthousiasmés qu'ils font la promotion de l'endroit en diffusant partout leur bonne expérience. Les gens de l'industrie réalisent alors que les clients sont les mieux placés pour savoir ce qu'ils aiment et ils commencent à changer d'avis. Pierre est accepté comme membre de l'Association des gens d'affaires des grands hôtels. Il va à tous les déjeuners, il est présent à tous les congrès. Il investit beaucoup d'argent, mais les retombées sont excellentes. Il se rend à Montréal avec un téléviseur 36 pouces sur l'épaule et de grosses cassettes et visite toutes les associations d'organisateurs de congrès : « Je viens vous montrer ma Cabane ». Les gens pensent qu'il est en plein déménagement, mais il réussit à en convaincre plus d'un de la qualité et de l'originalité de son concept.

À travers cette expérience de développement réalisée sans grands moyens financiers, Pierre retient que seule la persévérance, assortie des bons contacts, est la clé de la réussite.

Après l'ajout de la grande salle, des congrès importants se mettent à venir, ainsi que des autobus complets de touristes. Devant l'accueil enthousiaste et l'immense intérêt manifestés par les visiteurs de la Sucrerie pour ce rappel d'un passé qu'il est aisé, lorsque le stress de la vie moderne devient chaque jour plus envahissant, de parer de toutes les vertus, Pierre se décide à mettre en œuvre un projet qui lui tient à cœur depuis longtemps : entourer la Cabane d'un ensemble de bâtiments dans le même style, favorables à l'exploitation de cette veine intarissable dans tous ses aspects. Il entreprend alors la construction d'un magasin général où il pourra vendre les produits de l'érable et toutes sortes d'objets-souvenirs en rapport avec son thème, et qui pourra abriter également un petit musée consacré à l'histoire, au patrimoine et au folklore québécois. Il démonte une vieille maison de 200 ans d'âge pour en récupérer les matériaux patinés et il la reconstruit le long du chemin qui monte à la Sucrerie. Puis, considérant qu'il offre déjà le couvert, il met en œuvre son projet de petits chalets ancestraux en bois « pièce sur pièce » pour offrir aussi le gîte à une clientèle qui meurt d'envie de poursuivre son expérience à table au coin du feu par une nuit dans le bois, couronnée le lendemain matin par un petit-déjeuner plantureux et rustique dégusté au son du pépiement des oiseaux et des bruits de la forêt, et donner ainsi à l'ensemble une allure de village d'autrefois. Les chalets se louent bien, ils attirent la clientèle en quête d'authenticité, avec leur ambiance chaleureuse, leurs proportions réduites qui allient le confort à la vie dans la nature. Entourés de forêt, ils sont bien abrités du vent et gardent leur air de vieilles cabanes qu'ils sont, étant tous le produit du démantèlement de vieilles granges ancestrales, tout comme le magasin, sauf une plus grande, faite de rondins.

❖

Dès 1984, Pierre commence à démarcher outre-Atlantique, avec CP Air. L'idée lui en est venue lorsque des touristes français qu'il recevait à la Sucrerie lui ont suggéré de faire connaître l'érablière en France et en Europe. Connaissant bien maintenant les membres de la direction des grandes compagnies aériennes, il se dit : « Pourquoi est-ce que je ne vais pas aux salons touristiques en Europe faire de l'animation dans les kiosques ? » Il en parle autour de lui, parmi ses connaissances dans les compagnies aériennes, et ils acceptent de l'emmener lors de leurs voyages de promotion. Après la France, il se met en devoir de se faire connaître partout ailleurs. Il assiste à toutes les foires importantes dont il entend parler, comme Caen ou Rouen.

Pierre raconte sa première expérience d'une grande manifestation de ce genre, à Caen, en 1998 : les organisateurs veulent qu'il soit l'hôte d'honneur et il va donc les rencontrer dans la capitale normande en mai, pour la foire de septembre. Il y a sept personnes autour de la table et Pierre se trouve assis sur la chaise la plus basse :

« 'Tabarnak' ! Philippe Bertin, avant de commencer, tu vas changer de chaise avec moi !

— Mais pourquoi donc ?

— Vous êtes six contre un et moi, je suis assis le plus bas. Tu vas t'asseoir à ma place, ou alors je reste debout ! »

On lui présente le scénario : Pierre louerait une salle à manger de 650 places, une plus petite de 200 places, 3 bars, un magasin général, le tout pour la modeste somme de 85 000 $ pour 10 jours. C'est beaucoup d'argent ! « Oui, mais Pierre, tu vas faire un tabac ! », lui disent les autres. « Ben, oui, mais je fume pas », répond Pierre, qui n'a jamais vécu une telle expérience de sa vie et se pose des questions.

Il faut qu'il amène 40 Québécois pour l'aider, c'est beaucoup. Les organisateurs parlent de la mise en marché, des partenaires, des grands panneaux à son effigie qui seront sur les boulevards. Pierre ne sait pas encore quelle décision prendre. Il sort et va s'asseoir sur la pelouse pour réfléchir à ce nouveau défi. Au bout d'un moment, l'un des responsables l'interpelle :

« Pierre, est-ce que tu nous as lâchés ?

— Non, je réfléchis.

Il retourne dans la salle et leur dit :

— Je vais faire un tabac ?

— Oui, c'est sûr !

— Alors on va partager les cigarettes : vous m'avez dit que le restaurant de deux cents places marchait vraiment fort ; garantissez-moi qu'avec ses revenus, je peux payer tout le loyer. Vous encaisserez vous-mêmes l'argent jusqu'à concurrence de 85 000 $. Qu'est-ce que vous en pensez ?

Ses interlocuteurs hésitent.

– Vous allez faire un tabac ! Qu'est-ce que vous avez à réfléchir ? »

Pris à leur propre argument, ils se voient contraints d'acquiescer ! Dans ces conditions, Pierre est assuré que son loyer est déjà payé, avant de partir. Il se lance donc dans l'aventure d'un cœur plus serein, investit pour couvrir ses frais, faire tous les repas, payer son personnel, les billets d'avion, etc., mais il s'en sort en fin de compte avec un bénéfice et en garde un excellent souvenir. À partir de là, il fait les grandes foires annuelles, Genève, Martigny, Lausanne, Fribourg...

Par la suite, ses talents de communicateur lui permettent d'intéresser les développeurs, qui l'aident à percer le marché japonais. Il ira plus de 15 fois au Japon. Et les coupures de journaux japonais qui tapissent les murs font leur petit effet auprès des touristes qui débarquent à la Sucrerie, et dans tout le milieu touristique...

Dans toutes ses pérégrinations internationales, Pierre avoue ne jamais avoir rencontré de grosses difficultés, ni fait de mauvaises expériences. En effet, il sait comment prendre les gens, car il a beaucoup appris durant ses voyages. Il se présente comme un élément de découverte du patrimoine québécois. Par son allure et sa présence, son personnage l'illustre déjà parfaitement – et grandeur nature –, bien qu'il se défende de vouloir être autre chose que lui-même. Il prévient les gens de ne pas s'attendre à ce que tous les Québécois lui ressemblent. « Je n'ai pas inventé mon personnage ; ce n'est pas une apparence et je ne suis pas déguisé : c'est moi, je suis comme ça, je suis vrai. C'est arrivé dans les années 80, quand je bâtissais les chalets. Je ne me rasais pas toujours. Un jour, en me regardant dans le miroir, j'ai pensé 'Ça ferait un beau look pour la cabane', alors j'ai laissé pousser ma barbe. J'ai eu l'idée d'acheter des bretelles, une chemise en coton comme en portaient mes grands-parents. Les knickers et les bas de laine du pays, je les portais déjà quand j'étais petit garçon. C'est confortable et passe-partout. Le bonnet de fourrure et la veste de peau, j'explique que c'est utile… par moins trente degrés dans l'hiver québécois. Et la touche finale, la ceinture fléchée*, tissée à la main, l'emblème fameux des Patriotes de 1837, en révolte contre le pouvoir colonial britannique, je suis fier de la porter comme témoignage de mon identité ! Personne ne m'a conseillé, tout repose sur mes idées et sur mon mode de vie. Finalement si mon personnage est devenu aussi populaire et attire autant la sympathie, c'est sans doute qu'il respire avant tout l'authenticité. »

Et il faut dire que l'accueil que réserve Pierre à ses visiteurs de La Sucrerie est déjà en lui-même tout un spectacle : avec sa stature et son apparence de grand gaillard aux allures de bûcheron, son costume traditionnel qui vous replonge en un regard quelque 100 ans en arrière. Sans oublier une attention toute particulière portée aux jolies femmes, qu'il tient sur son cœur et serre dans ses grands bras comme il le ferait d'une amie de jeunesse retrouvée des années plus tard... sous l'œil mi-figue, mi-raisin du mari qui pense que le service, ici, est vraiment « tout compris » ! Sans parler de l'impression que procure le personnage lorsqu'il voyage aux quatre coins du monde dans le même appareil, pour représenter la culture traditionnelle du Québec, se méritant ainsi parfaitement bien le titre d'« ambassadeur du tourisme pour le Canada ».

❖

Après la chaleureuse réception de Pierre à l'entrée, le traditionnel verre de caribou* servi au bar en bois rustique orné de souvenirs et de photographies d'époque, c'est un véritable coup de cœur qui vous saisit lorsque vous pénétrez dans la grande salle à manger qui peut recevoir aujourd'hui près de 600 personnes : dans la cheminée monumentale qui couvre tout un mur, brûle un feu de bois d'enfer dégageant des odeurs d'épinette et d'érable qui vous mettent tout de suite dans l'ambiance. Il faut dire que l'alignement parfait de ces dizaines de longues tables et bancs de pin, couverts dressés et agrémentés de lampes à huile et de bouquets de fleurs, ces rideaux tissés à la main, rouges et blancs, aux fenêtres, ces murs couverts d'objets aratoires ou d'ustensiles de menuiserie ou de cuisine qui datent de ses ancêtres, comme les moules à sucre sculptés dans l'érable que Pierre a reçus d'un voisin avec ce gentil compliment : « Ces moules étaient à mon père, c'était le meilleur sucrier de la région. Aujourd'hui, c'est à toi que je les donne ! » Et Pierre s'en sert encore chaque printemps pour fabriquer ses pains de sucre.

Et c'est alors que commence le festin du temps des sucres – que l'on sert toute l'année avec des variantes saisonnières, et qui reprend tous les classiques de la cuisine québécoise – préparé sur place à l'authentique et servis par d'accortes jeunes filles du pays en costume traditionnel, dans un ballet magistralement orchestré : pour suivre les oreilles de crisse* servis en apéritif, la soupe aux pois pour commencer de bonne façon, puis le défilé des tourtières, fèves au lard, oreilles de crisse, le jambon et les saucisses... à l'érable, le ragoût de boulettes de pattes de cochon, l'omelette soufflée, et bien sûr arrosés à volonté, entre un verre de bon vin ou de bière, de sirop... d'érable, le tout accompagné de marinades et ketchup maison, sans oublier le savoureux pain de campagne fabriqué à la boulangerie de la Sucrerie, avant de faire place aux gâteries, la tarte au sucre... d'érable, les crêpes au sirop... d'érable ! Ici, l'érable est roi.

Inutile de dire que l'on sort de table, après un bon café, le ventre plein... Mais ce qui fait aussi la particularité de la cuisine de la Sucrerie, c'est sa qualité gastronomique qui est reconnue à l'international. Pierre et ses équipes vont d'ailleurs régulièrement la servir aux quatre coins du globe, de la Finlande au Japon, en passant par la France, dont il nous parle avec un constat : « Même en France, qui a la réputation d'être le pays des fins gourmets, les gens apprécient nos bonnes vieilles recettes et y retrouvent la tradition culinaire des paysans du XVIIe siècle ».

Mais comment faire bonne chère sans faire la fête ? Car, au Québec, la musique et la danse font partie du paysage et on ne pouvait pas imaginer, il y a encore peu de temps, de réunion de famille sans y voir un 'Mon-oncle' prendre son violon, sa guitare ou son accordéon, une 'Ma-tante' se mettre au piano, toute la joyeuse assemblée les accompagnant en jouant de la cuillère ou du gazou*, et entonner tous en chœur de vieilles chansons à répondre ou se lancer dans la danse carrée, des plus jeunes aux plus anciens.

Aussi bien, à chaque occasion, la troupe de musiciens de la Sucrerie est là pour mettre l'ambiance : cette ambiance si chaleureuse, cette convivialité si contagieuse que Pierre l'a voulue de première importance, comme une caractéristique de la société québécoise, appréciée par tous les étrangers qui la découvrent et qu'ils viennent retrouver ici.

Enfin, pour finir la journée ou la soirée en beauté, une visite au musée de la Sucrerie et au magasin général s'impose. Dans une magnifique maison pièces-sur-pièces bicentenaire, le visiteur pourra admirer une collection de meubles anciens, de photos de famille et d'objets rustiques qui restituent tout le charme du passé. Il y trouvera également toutes sortes de souvenirs à ramener dans ses valises pour rapporter un peu du Québec dans son pays : les produits de l'érable, il va de soi (sirop, sucre, tire, beurre), les spécialités de la table (pain, tartes au sucre, confitures, marinades et ketchup), des productions de l'artisanat local (tissages, *ceintures fléchées*, cuillères en bois sculpté) et même quelques objets traditionnels des Indiens de l'Est.

La Sucrerie de la Montagne est aujourd'hui une entreprise florissante, qui a remporté de nombreux prix et récompenses, tant québécois et canadiens que venus du monde entier. Pour le temps des sucres, qui constitue le moment fort de l'année, elle emploie un nombreux personnel : cuisiniers, serveurs, réceptionnistes, danseurs et musiciens, bouilleurs* et sucriers*, cueilleurs, etc. Car Pierre tient à préserver les racines de son établissement : « Nous travaillerons toujours ainsi à la cabane. C'est le cœur de l'entreprise, c'est sacré. Nous sommes une entreprise familiale qui doit conserver son caractère artisanal ».

❖

Et la roue continue de tourner : Pierre peut compter maintenant sur son fils Stefan pour poursuivre son œuvre. Celui-ci connaît en effet bien la région, il y est allé à l'école; tous les jours de son enfance, il venait voir son père à la Sucrerie. Parti avec sa mère pour faire ses études universitaires dans l'État de Washington, il est finalement revenu pour ne plus repartir. C'était son choix; Pierre ne le connaissait pas à l'avance et il ne pouvait prévoir si Stefan serait intéressé à la Sucrerie. Maintenant, il se félicite d'avoir son fils pour reprendre après lui et assurer la pérennité de l'entreprise. Stefan s'occupe des relations avec les employés et sait fort bien recevoir les clients, avec la même chaleur et les mêmes couleurs que son père. Il est axé sur la communication et on voit qu'il excelle dans le domaine, rien qu'à le regarder et à l'écouter. Il est accepté de tous, fournisseurs, employés et partenaires. Pour lui aussi, la ceinture fléchée, c'est important : « Avant tout, c'est le respect que je dois aux générations qui m'ont précédé, et c'est très visuel, ça attire le regard, ça plaît aux gens et ils reviennent ».

Comme le dit le proverbe « Bon sang ne saurait mentir » et Stefan a chaussé résolument et avec brio les chaussures de son père, aidé en cela par sa charmante épouse Véronique. Depuis, l'eau a continué de couler sous le pont et une petite-fille, Rose, est arrivée en février 2010, suivie d'une autre, Justine, en 2012, faisant de Pierre le plus heureux des grands-pères... La Sucrerie a donc encore un long avenir devant elle et les Faucher ne finiront pas de si tôt de faire parler d'eux du côté de Rigaud, dans la Beauce... au Québec, au Canada, en Europe... et jusqu'en Chine, pourquoi pas?

Chapitre III

LES QUATRE SAISONS DE L'ÉRABLIÈRE
ET LE TEMPS DES SUCRES…

Lorsque le printemps fait place à l'été, au temps de la Saint-Jean, fête nationale du Québec, la Sucrerie ne ferme pas ses portes, bien au contraire : elle les laisse toutes grandes ouvertes aux visiteurs qui fuient la ville étouffante, sa pollution et son facteur humidex. Le soleil tape fort sur l'asphalte des rues, et les citadins viennent se rafraîchir dans le sous-bois où, certains soirs particulièrement chauds, on a coutume de dire que l'on entend pousser les feuilles ! Il faut avouer que la belle saison arrive parfois brutalement avec des écarts de température qui font passer la Belle Province de son statut nordique à celui d'un pays tropical. Mais c'est aussi l'occasion d'une floraison exceptionnelle et anémones, marguerites, myosotis, primevères et 100 autres espèces rivalisent de beauté dans une explosion de couleurs. Que dire également des appels de centaines d'oiseaux de toutes sortes qui semblent chanter la joie du solstice, et font de la forêt une antichambre du Paradis... Si vous êtes patient et discret, vous rencontrerez des ratons-laveurs, des blaireaux (des « mouffettes », à la façon du pays), des écureuils bruns et noirs, et même des petits suisses rayés. Vous pourrez aussi voir des porcs-épics, si la chance vous sourit. La vie envahit les bois, vous en serez le témoin privilégié.

Puis, progressivement, les couleurs changent et, après le dernier sursaut de « l'été des Indiens », l'horizon de La Sucrerie se pare des couleurs de l'arc-en-ciel avec une prédominance de tous les tons de vert jusqu'au rouge, en passant par le jaune et l'orangé : qui n'a vu le spectacle des érables en automne qu'en photo ou carte postale ne peut même pas imaginer l'intensité des coloris qui l'attendent dans le bois ! De grands bouquets de tournesols accueillent les hôtes à l'entrée, disposés dans de vieux bidons de lait ou dans de fraîches corbeilles d'osier. C'est sans doute, pour beaucoup, la plus belle des quatre saisons de la Sucrerie, où la nature semble se reposer des excès de l'été avant d'affronter les rigueurs de l'hiver, où le temps semble flotter dans l'espace comme une période qui n'appartient qu'à soi-même, pendant laquelle – et surtout au coin du feu de la grande salle – tout est propice à la réflexion et à la méditation : les couleurs de l'automne québécois nous imposent l'image d'une telle beauté naturelle qu'on en vient à regretter de ne pas en faire partie...

Mais l'hiver vient déjà sonner à la porte ; une fois les derniers feux de l'Halloween éteints, les premiers flocons ne tardent plus bien longtemps. Les « cabanes-hôtels » de la Sucrerie (les chalets, comme les appelle Pierre), alignées le long du sentier, sont enveloppées d'un léger voile de coton translucide ; il fait frisquet. La nuit apporte maintenant une humidité sournoise qui pénètre les vêtements et s'insinue entre les omoplates. Sous l'abri protecteur des grands arbres, on ressent moins les effets de la poudrerie* et on peut se laisser aller à la rêverie que ne manque pas de nous inspirer ces lentes vagues d'écume blanche qui viennent, bordée après bordée, recouvrir le sol et le paysage d'une marée cotonneuse d'où émergent les troncs dénudés des érables, haussant leurs grands bras décharnés vers un ciel gris chargé de neige. Car le pays est devenu neige, comme le chante Gilles Vigneault, et c'est une nouvelle contrée qui s'offre à nos yeux : un pays magique sur lequel, souvent, un soleil éclatant dans un ciel parfaitement bleu, vient jeter ses rayons éblouissants. Un temps favorable à toutes sortes d'activités glissantes et « patinantes », qui permettent d'en profiter pleinement au lieu de le subir. Chanter Noël et réveillonner le dernier jour de l'année dans le cadre enchanteur de la Sucrerie font certes partie des souvenirs inoubliables qui meubleront nos mémoires. Au retour d'une telle soirée, bercé par le bourdonnement assourdi du moteur, les yeux rivés au jacquard clair-obscur de la route de campagne dont le pavé s'effrite par endroits, vous vous laisserez bercer par la nostalgie d'antan.

Enfin, ce qui, immanquablement, viendra le plus marquer les esprits et qui constitue le point d'orgue de la Sucrerie, c'est son printemps... et le fameux temps des sucres ! Car, sous les ardeurs répétées du soleil printanier, c'est toute la nature qui semble se réveiller d'un profond sommeil après les longs mois d'hiver. Sur le tapis encore épais de neige qui commence à fondre, on se prend à découvrir alors la marque des empreintes des petits rongeurs, les lièvres, les renards, ou parfois encore les chevreuils, quand ce ne sont pas celles, plus rares, du majestueux élan du Canada, l'orignal seigneur des forêts. Avec le vol des oies qui traversent le ciel en direction du Grand Nord et font de longues haltes aux abords des cours d'eau et sur les battures du Saint-Laurent, vient aussi le retour des corneilles qui croassent allègrement du matin jusqu'au soir, sans cesse attaquées par les étourneaux, reprenant possession des cieux. Le cardinal écarlate et sa compagne plus discrète viennent frapper au carreau pour qu'on leur jette quelques graines à picorer. Des bourgeons à peine formés apparaissent aux branches des arbres, il y a comme un air de renouveau qui flotte et vient enivrer le cœur des hommes. On se sent des envies de travaux au dehors, les premiers après le repos forcé de la morte-saison… C'est le printemps !

Et au tout début de cette nouvelle saison, entre mars et avril, la première activité de l'année à la Sucrerie, comme dans toutes les érablières d'Amérique du Nord, c'est la récolte du sirop d'érable.

Ce sont les Indiens qui ont enseigné la technique aux premiers colons, permettant ainsi à beaucoup de subsister jusqu'à l'arrivée du prochain bateau de ravitaillement venu de France ou d'Angleterre. Car dans ses débuts, la colonie ne produisait rien, pas même de quoi survivre. Grâce à cet apport de calories que constitue la sève des érables, abondante à une certaine période de l'année, et qu'ils avaient nommée la lune sucrée*, les colons ont eu l'énergie de défricher leurs terres, de planter et de récolter, souvent sur les conseils de leurs voisins indiens. Ces derniers faisaient bouillir la sève des érables pour obtenir le fameux sirop. Auparavant, ils entaillaient le tronc des arbres d'un coup habile de leur tomahawk*, y fixaient un copeau de bois et plaçaient en dessous un récipient en écorce pour y recueillir, goutte à goutte, le précieux nectar, dans lequel ils immergeaient ensuite des pierres chaudes afin de provoquer une première évaporation. Puis, ils faisaient bouillir sur un feu de bois, dans un quelconque contenant d'argile, le liquide ainsi obtenu pour en faire du sirop.

Et c'est ainsi, comme Pierre nous le rappelle, qu'on pratiquait encore jusqu'au début du XXe siècle. « Mes ancêtres procédaient encore de la même façon : ils faisaient bouillir la sève au grand air, dans un chaudron suspendu à une bille de bois. Seule différence, le chaudron était en fonte. » Aujourd'hui, le vilebrequin a remplacé le tomawak, l'écorce de bois est devenue une goudrelle* en bois ou en métal, le pot de terre est un chaudron (une « chaudière* », disent les gens du cru) et le feu de bois alimente un évaporateur*, l'instrument du bouilleur...

Mais laissons Pierre nous raconter sa passion, comme il le fait à chaque visite de la Sucrerie, aux touristes venus du monde entier :

« Chaque printemps, nous entaillons 2 500 érables. On perce dans l'écorce de l'arbre, à l'aide d'un vilebrequin, un trou de trois centimètres de profondeur et de un centimètre de large. Puis on plante une goudrelle* pour acheminer les gouttes dans la chaudière* accrochée au-dessous. Pour que l'eau d'érable coule en abondance – un arbre moyen donne environ 40 litres d'eau pendant la période des sucres –, il faut que la température descende sous 0°C la nuit, remonte le jour, et que la terre soit encore complètement gelée.

« Lorsque les chaudières sont pleines, on attelle les chevaux, deux beaux percherons, au traîneau où se trouvent des tonneaux de 90 gallons chacun (environ 400 litres). On les appelle les tonnes. Deux hommes chaussent les raquettes* et courent d'arbre en arbre pour recueillir l'eau des chaudières* et la transvaser dans les tonnes. Les chevaux sont si bien habitués à leur tâche, qu'ils peuvent suivre, sans guide, les chemins de l'érablière sans jamais passer deux fois au même endroit. Dans une forêt bien entretenue, les arbres sont suffisamment espacés pour laisser le libre passage du traîneau. Parfois, il est nécessaire d'enlever de la neige pour ne pas épuiser inutilement les animaux. Pour la même raison, le tracé des chemins doit éviter les pentes abruptes. C'est vraiment un travail de compagnonnage: des hommes ensemble, des hommes avec les bêtes, des hommes avec la nature. Par exemple, on n'entaille pas les érables, chaque année, au même endroit, on fait attention aux anciennes 'cicatrices'; on peut aussi laisser un arbre se reposer une année.

« Les chevaux sont également traités comme des frères. Chaque soir, nous leur donnons à boire de l'eau d'érable* pour les récompenser de leurs efforts. Ils peuvent en boire jusqu'à 40 litres. Comme c'est la période de l'année où ils perdent leur poil d'hiver, lorsque repousse leur poil de printemps, celui-ci est vraiment vigoureux. »

À ce propos, Pierre ne manque pas de nous faire remarquer avec un grand sourire : « Comme vous pouvez le remarquer, moi aussi j'ai bu pas mal d'eau d'érable… Si vous voulez bien me suivre, je vais maintenant vous montrer ce qui se passe dans la cabane à sucre.

« La première fois que je suis entré dans une cabane à sucre, j'avais cinq ans. Mon père m'avait emmené avec lui chez un de mes oncles, dans la Beauce, au sud de la ville de Québec. Nous habitions alors à Montréal, depuis que la grande dépression avait chassé mon père de sa terre. Mais chaque année, régulièrement, il revenait chez ses frères pour aider à l'érablière. Pour lui, c'était très important. Il avait la nostalgie de sa jeunesse, lorsqu'il faisait les sucres avec son père, Napoléon Faucher. Dans ces années-là, les sucres se faisaient avec les vieux et les enfants. Les autres, tous les hommes de 13 à 45 ans, étaient partis durant l'hiver pour travailler comme bûcherons dans des chantiers aux États-Unis. Ils rentraient en avril ou en mai après la drave*, lorsqu'on fait descendre le bois coupé sur les rivières. »

« C'étaient donc des enfants de 9 à 10 ans qui 'couraient les érables'. Ils ne se faisaient pas prier pour ramasser plusieurs tonnes d'eau, tandis que l'ancien était le bouilleur, autant dire le maître d'œuvre. Car bouillir est tout un art. C'est de la vigilance et du doigté du bouilleur que dépend la qualité du sirop produit. »

« Et maintenant, regardez bien : voici l'évaporateur*. Il trône au milieu de la place. C'est là que s'effectue la grande alchimie. Un feu ardent chauffe les pannes, récipients dans lesquels a été transvasée la sève. Tout l'art du bouilleur consiste à maintenir ce brasier à température constante afin que l'évaporation soit assez rapide pour que l'eau ne stagne pas dans les pannes. Le feu doit être bien réparti sous l'ensemble pour que le sirop ne colle pas au fond. C'est comme lorsqu'on fait du caramel, il peut brûler très facilement. Le bouilleur doit constamment surveiller son feu. C'est ce qui m'a le plus impressionné lorsque j'étais 'p'tit gars': la force de ce feu, entendre son crépitement, la puissance des calories qui se dégagent de là. Sentir les vapeurs sucrées qui embuent toute la cabane et forment un nuage blanc au-dessus du toit... C'est très spécial.

« À la Sucrerie, nous brûlons une grande quantité de bois: 150 cordes (une corde = 4 mètres cubes environ) pour faire le sirop, et 150 autres pour faire la cuisine, le pain, et chauffer les grandes cheminées des salles à manger. Ce bois a été *bûché* pendant l'hiver. Ce sont des arbres morts de l'érablière. Une bonne manière de nettoyer la forêt. Le sucrier manie donc son tisonnier et alimente le feu jusque tard dans la nuit, car l'eau d'érable peut couler jusqu'à ce qu'il gèle, et la laisser séjourner trop longtemps dans les chaudières la détériorerait.

« Le temps des sucres est aussi un moment difficile : il gèle, il dégèle, on travaille dur, on transpire, on se mouille les pieds dans la neige trempée... On arrive dans la cabane, les portes sont grandes ouvertes pour laisser sortir la vapeur, il y a des courants d'air... Alors, à chaque fois que l'on ramène un tonneau, on a droit à un petit coup de whisky blanc* avec du réduit d'eau d'érable chaud. Pas parce que l'on aime boire, non ! Mais seulement pour se maintenir en bonne santé : c'est purement médicinal !

« Mais imaginez les journées où l'on rapporte douze tonneaux, on a droit à douze petits coups... ça rend la vie intéressante. Je vous dis ça en plaisantant. Car, en fait, il ne faut pas être pris de boisson* pour faire ce travail. C'est exigeant, on aime l'ouvrage bien fait, et comme dans le temps de mon père et de mon grand-père, on apprécie un homme qui sait tenir la boisson, pas celui qui s'enivre et n'est plus capable d'accomplir ses tâches. Et dans le temps des sucres, l'ouvrage ne manque pas, croyez-moi... Vous vous rendez bien compte que ce travail est dur physiquement : courir en raquettes* dans la neige qui enfonce, conduire les chevaux, transvider les tonneaux, alimenter le feu... Il exige aussi beaucoup d'attention et de finesse pour produire un sirop de qualité. Mais il faut ajouter que nous faisons tout ça dans la joie. On va travailler de sept heures du matin à deux ou trois heures dans la nuit, en fait tant qu'il y a de l'eau à évaporer.

« Quand je suis tout seul le soir, il se passe quelque chose de vraiment fantastique : j'entends les érables qui coulent, 2 500 petites gouttes de sève qui viennent frapper le métal des seaux. Les vents du Nordet* secouent la tête des arbres, les glaces et les branches sèches tombent. Ainsi les arbres sont allégés et sont prêts à laisser pousser leurs bourgeons. Pendant ce temps, à la cabane, je continue à évaporer. Il y a tellement de vapeurs d'érable qu'on ne voit pas d'un mur à l'autre. Alors j'ouvre les trappes qui se trouvent dans la pente du toit. Les vapeurs s'échappent et forment un 'nuage de sucre' dans l'érablière. Et ça sent bon… Lorsqu'on se promène au Québec à cette époque de l'année, on voit ces petites fumées blanches qui s'élèvent au-dessus des arbres, on respire cette odeur particulière dans toutes les érablières. Et là, on ne peut pas résister. Toutes les images de notre jeunesse remontent à la mémoire : ma mère préparait le repas que nous descendions à la cabane, le matin : le pain encore tout chaud, la soupe aux pois, les fèves au lard, tout ce qui restait de conserves ou de marinades dans les armoires… Sur place, mon oncle Émile nous faisait des œufs et préparait toutes sortes de desserts pour se sucrer le bec*.

« Dehors, dans la neige, tout le monde se retrouvait avec une palette en bois pour manger la tire* : le sirop bouilli à 115 °C est versé sur la neige bien propre pour le faire durcir. Ensuite on ramasse ces petites langues de caramel avec notre palette et on se régale ! C'est vraiment le temps des réjouissances. Voisins, parents et amis viennent faire leur tour dans l'érablière. Ce sont les retrouvailles après l'isolement de l'hiver.

« C'est pour revivre cette atmosphère, à la fois de dur labeur et de joie partagée, que j'ai décidé de bâtir ma vie ici, à La Sucrerie de la Montagne. »

❖

« Petit, chez mon grand-père, il y avait l'odeur du feu, celle des lampes à pétrole, des soupers qui cuisaient sur la cuisinière à bois… Et aussi l'atmosphère des meubles début de siècle. C'est de là que me sont venus mon désir et ma vocation de conserver le patrimoine bien vivant. On veut s'en souvenir et il n'y a pas de lieu pour cela. Tous les ancêtres se sont éteints, maintenant il n'y a plus que le tourisme, et moi, je veux transmettre le plus profond du pays : le pain cuit dehors dans la boulangerie, les tables de bois avec les vieux bancs, les lampes à huile, les foyers, tout ce à quoi peuvent s'identifier les gens du monde entier, car cette culture se retrouve partout.

« Il faut de l'âme, de l'authentique. J'ai créé la Sucrerie du fond de mon cœur. Ce qui m'a inspiré le plus, c'est l'histoire, vécue et racontée par mon

père, du pays et de la région, des vieilles granges, et des longues veillées, des grands sentiments et des profondes amitiés, de la vie telle qu'elle était et telle qu'elle aurait pu demeurer dans bien des domaines….

« *La vision m'est venue quand j'ai acheté la forêt d'érables. C'est là que j'ai compris la philosophie que je voulais développer par rapport à ma mise en marché. Si on veut promouvoir quelque chose de bien ordinaire, ça ne marchera pas, il faut un produit original, dont l'emballage respire la sincérité !* »

ÉPILOGUE

Les mouvements de l'âme sont faits d'aspirations profondes qui ne voient pas toujours le jour. Écouter son âme, c'est se remplir des sifflements des merles, des trilles des rossignols, des chants des grives et des appels des grands-ducs, c'est savoir discerner le bruissement des feuilles sous les pattes des musaraignes, le piétinement des écureuils en quête de nourriture, c'est contempler les cimes des érables pliées sous le vent, qui époussettent le ciel dans un perpétuel mouvement et c'est aussi sillonner seul les chemins au bord des étangs argentés, dans le papillotement chromatique des percées de soleil, le cancanement des pintades, le jabotement des oies...

« En 1984, au tout début de la Sucrerie, une connaissance m'a dit : 'Tu as fait la première page du New York Times, maintenant tu n'as plus rien à faire !' Je lui ai demandé s'il était fou, s'il se rendait compte que rien n'est jamais acquis, que je n'en étais qu'à mes débuts et qu'il fallait que ça continue. J'ai expérimenté des désertions, j'ai vu partir des

clientèles pour des concurrents, mais à un moment donné, le vent tourne, les gens reviennent. C'est exactement ce qui se passe encore aujourd'hui, d'où l'importance pour moi de savoir prendre les bonnes décisions au bon moment.

« Dans ma vie, j'ai rencontré beaucoup de bons hasards, comme le prévoyait mon père. Et parmi ces chances, j'ai toujours eu celle de rencontrer les bonnes personnes au bon moment. J'ai connu des responsables d'organismes ou d'associations qui m'ont mis le pied à l'étrier, j'ai su saisir des occasions qui ne se seraient pas renouvelées, j'ai embauché pour m'aider des personnes de cœur et de foi qui m'ont aidé à porter la Cabane à un niveau supérieur. J'ai partagé ma vie avec une femme qui, après les bons et les mauvais moments, n'en fait plus partie depuis longtemps, mais m'a donné un fils qui travaille maintenant avec moi et me succédera un jour. J'ai retrouvé l'amour et la plénitude d'une vie de couple harmonieuse qui me font envisager l'avenir avec sérénité. La femme qui partage maintenant mes espoirs et mes rêves me comble par sa beauté, *sa finesse intuitive, son charme et son humour, son calme, sa patience et sa grande intelligence. J'ai toujours eu autour de moi des amis pour me soutenir et m'encourager et je côtoie tous les jours des personnes, clients ou partenaires d'affaires, qui m'apportent la preuve que j'ai choisi la bonne voie et définitivement retrouvé mes racines...*

« Qu'il me soit donc permis ici de remercier particulièrement tous ceux qui ont vécu et travaillé avec moi, qui m'ont donné la foi dans ce que je faisais et m'ont supporté dans mes questionnements, et dont beaucoup sont encore avec ou proches de moi. »

Pierre Faucher

ANNEXES

LA FABRICATION DU SIROP D'ÉRABLE

La fabrication du sirop d'érable commence avec l'évaporation : l'eau recueillie dans la forêt et transportée jusqu'à la cabane à sucre doit bouillir à 104°C dans l'évaporateur pendant 8 à 9 heures avant de se changer en sirop, dans la proportion de 40 litres d'eau pour 1 litre de sirop.

Mais ce n'est pas si simple et il faut tout l'art du bouilleur*, qui a ses petits secrets jalousement gardés et transmis de père en fils, pour aboutir au nectar parfait que l'on reconnaît à sa couleur et à sa consistance : lorsque la goutte, formée au bout de la palette en bois trempée dans le liquide, ne tombe plus, c'est que le sirop a atteint la perfection souhaitée.

Et pendant tout ce temps-là, il faut éviter tout débordement : on trempe alors un morceau de lard qui fait rebaisser le niveau. Il faut encore surveiller la surface du liquide en transformation et écumer la mousse qui s'y forme ou les corps étrangers qui s'y sont accumulés. On le tamise alors au moyen d'un filtre en feutre pour éliminer toute impureté et lui donner sa limpidité qui est aussi la marque de sa qualité. Il ne reste plus qu'à l'embouteiller ou le mettre en contenants, encore chaud et sur place pour bénéficier d'une stérilisation naturelle.

Enfin, on appose l'étiquette correspondant aux normes du Gouvernement du Québec :

Catégorie No 1 : couleur limpide et uniforme, saveur caractéristique du sirop d'érable, exempt de tout goût de sève ou de caramel, aucune trace de cristallisation.

Catégorie No 2 : couleur limpide, saveur qui peut approcher d'un léger goût de sève ou de caramel, il peut y avoir des traces de cristallisation.

Classes de couleur : extra-clair, clair, médium, ambré, foncé.

La catégorie et la classe doivent être indiquées sur le contenant.

Le sirop d'érable est composé de 35 % d'eau, 62 %

de sucrose, 1 % de sucre inverti, 1 % d'acide malique… et 1 % du génie des forêts ! Il s'agit d'un sucre naturel, reconnu de tout temps pour ses vertus bénéfiques et son action bienfaisante sur la santé, très bien toléré par l'organisme qui l'assimile parfaitement. On l'utilise pour calmer les maux d'estomac ou l'irritation des bronches et les colons le prenaient pour soigner rhumes et maux de gorge, quand ils ne s'en servaient pas pour cicatriser les brûlures et les petites blessures.

Et ce n'est pas terminé ! L'imagination, née de l'observation au fil des siècles, a fait naître des produits accessoires : en poursuivant l'ébullition, le sirop épaissit et devient le beurre avec lequel on fait de si bonnes tartinades, puis la tire* qui a la consistance du caramel et enfin le sucre, dur et granulé, qu'on déguste comme un bonbon.

Merci à nos précurseurs les Indiens !

LES RECETTES DE LA SUCRERIE

Ces recettes ont été transmises à Pierre par sa mère ou par sa tante Marie-Louise.

Établies avec les quantités en usage à la Sucrerie, on peut les diviser par 5 pour des besoins plus courants.

Le festin du temps des sucres
LE CARIBOU
LA SOUPE AUX POIS
LE PAIN CANADIEN
LE JAMBON À L'ÉRABLE
LA TOURTIÈRE DU QUÉBEC
LE RAGOÛT DE BOULETTES DE PATTES DE COCHON
LES OREILLES DE CRISSE
LES FÈVES AU LARD
L'OMELETTE SOUFFLÉE
LE KETCHUP DU PIONNIER
LES CRÊPES AU SIROP D'ÉRABLE

LE CARIBOU

Cocktail-apéritif servi au début du repas.

- 3/4 de vin blanc
- 1/4 de vin rouge
- 1 tasse (250 ml) de whisky blanc
- 1 tasse (250 ml) de vin de bleuet
- Bien mélanger et servir frais.

« Le whisky blanc était utilisé dans les camps de bûcherons à toutes sortes d'occasions : en plus de servir de remontant, on le prenait comme 'médecine' contre la grippe et les coups de froid, comme désinfectant pour les blessures, et aussi pour se laver les dents... Mon oncle Émile, qui partit à 15 ans avec mon père pour travailler dans le bois, vit aujourd'hui dans le Maine, dans une région de lacs pleins de truites. À 87 ans, il fait encore son jardin. Et quand il reçoit de la visite, il ouvre sa bouteille de whisky blanc et jette le bouchon... »

LA SOUPE AUX POIS

Pour 20 personnes.

- 2 livres (1 kg) de pois jaunes, moyens (haricots secs)
- 1 oignon finement haché
- 2 ou 3 tranches de gros lard
- Sel et poivre au goût

Laisser tremper les pois toute une nuit. Les rincer à l'eau claire. Dans un chaudron, déposer les pois et 1/3 de leur volume d'eau. Ajouter le reste des ingrédients et cuire 2 h 1/2 à 3 h.

« Cette soupe est notre plat d'hiver par excellence. Dès que l'on se retrouve avec un bol fumant entre les mains, nous voilà plongés dans une scène du passé: un groupe de bûcherons, rassemblés dans la cabane après leur journée d'ouvrage, savourant la bonne soupe épaisse, tandis que la tempête fait rage au-dehors. Le fumet de la soupe se mélange aux odeurs du linge mouillé qui sèche près de la cheminée. Après le repas, un homme sortira de sa poche une musique à bouche (un harmonica), et en tapant du pied pour s'accompagner, commencera une gigue ou une chanson à répondre, reprise par tous. »

LE PAIN CANADIEN

Donne 8 miches de 1 livre (450 g).

- 1 pinte (1,14 litre) d'eau
- 4 1/2 livres (2 kg) de farine blanche
- 2 oz (60 g) de sel
- 5 oz (150 g) de sucre
- 3 oz (90 g) de levure à pain
- 2 oz (60 g) de malt
- 2 oz (60 g) de gras animal

Mélanger le tout jusqu'à l'obtention d'une pâte lisse. Pétrir 15 minutes à la main (au mélangeur : 8 minutes, vitesse 2). Laisser reposer 1 heure dans un endroit tempéré (37 °C, humidité 85 %). Dégonfler d'un coup de poing, refaire une boule et laisser de nouveau lever 1/2 heure. Dégonfler à nouveau, couper en portions égales, former des boules, les laisser bien gonfler 15 minutes. Cuire à 375 °F (190 °C).

« À la cabane à sucre, on mange parfois ce pain en le trempant dans un mélange de crème fraîche et de sirop. Tous les jeudis, ma tante Marie-Louise faisait son pain pour toute la maisonnée. Mais au moment de donner le coup de poing pour dégonfler la miche et la pétrir, c'est toujours mon père qui venait l'aider. Il faisait ça avec tant d'ardeur que la farine volait partout dans la cuisine... »

LE JAMBON À L'ÉRABLE

Selon le nombre de personnes, prendre un jambon plus ou moins gros et adapter les proportions en fonction du poids.

- 12 livres (7 kg) de jambon à l'os
- 2 tasses (500 ml) de mélasse
- 3 tasses (3/4 l) de sirop d'érable
- 1 bière (250 ml)

Faire cuire le jambon entier, recouvert d'eau, avec tous les ingrédients, pendant 20 minutes. Puis le mettre au four à 350 °F (180 °C), pendant 1/2 heure, en l'arrosant fréquemment de sirop d'érable. Autrefois, on suspendait le jambon au-dessus de l'évaporateur, et c'étaient les vapeurs de l'eau d'érable qui fumaient la viande.

LA TOURTIÈRE DU QUÉBEC

Donne 6 à 8 portions.

- 1/2 livre (250 g) de porc maigre haché
- 1/2 livre (250 g) de bœuf haché
- 1/2 tasse (125 ml) d'eau
- 2 oignons hachés finement
- 1 gousse d'ail hachée
- 1/2 c. à café de thym
- 1/2 c. à café de sauge
- 1/4 c. à café de moutarde en poudre
- 1/4 c. à café de clou de girofle râpé
- 2 pommes de terre moyennes, coupées en morceaux
- 1 œuf battu dans 1 c. à café d'eau
- Pâte à tarte pour deux fonds de tarte de 8 pouces (17 cm).

Mélanger le porc, le bœuf, l'eau, l'oignon, l'ail, le sel, les herbes et les épices. Faire revenir pour dorer. Pendant ce temps, cuire les pommes de terre à la vapeur, puis les écraser et les mélanger avec les ingrédients ci-dessus. Déposer le mélange sur la pâte à tarte et recouvrir d'une seconde pâte, sceller les bords. Creuser une petite ouverture au milieu du couvercle pour permettre à la vapeur de s'échapper. Dorer avec l'œuf battu. Cuire au four à 375 °F (190 °C), environ 45 minutes, ou jusqu'à ce que la croûte soit dorée.

LE RAGOÛT DE BOULETTES DE PATTES DE COCHON

Donne 40 portions.

POUR LES BOULETTES :
- 5 livres (2,3 kg) de porc haché
- 2 1/2 livres (1,2 kg) de bœuf haché
- 1 1/4 c. à café de moutarde en poudre
- 1 1/4 c. à café de gingembre
- 1 1/4 c. à café de cannelle
- 1 1/4 c. à café de clou de girofle
- 2 1/2 c. à café de persil
- 2 oignons
- 1/2 pinte (1/2 l) de lait
- 1 tasse de chapelure

Mélanger le tout et rouler en petites boulettes. Cuire 35 minutes au four à 350 °F (180 °C). Égoutter ou dégraisser.

POUR LES PATTES DE COCHON :
- 7 ou 8 pattes de cochon
- 1 c. à café de cannelle
- 1 c. à café de clou de girofle
- Sel et poivre, au goût

Cuire le tout dans de l'eau jusqu'à ce que la chair soit tendre. Épaissir le jus de cuisson avec de la farine grillée.

LES OREILLES DE CRISSE

(ou grillades de lard salé)

Couper le lard en tranches de 1 pouce (2,5 cm) d'épaisseur. Cuire dans un mélange moitié lait et moitié eau, jusqu'à ébullition. Égoutter, puis faire frire dans la poêle. Déposer sur un papier pour éponger la graisse. Pour raffermir avant de servir, disposer les tranches dans une lèchefrite et passer au four à 350°F (180 °C). C'est la forme d'oreille que prend la tranche de lard en cuisant et le crissement qu'elle fait sous la dent qui ont donné son nom étrange à cette recette.

Marie-Louise se souvient que son père emmenait souvent les enfants de la famille, et même les petits voisins du rang, à l'école du village en charrette tirée par un bœuf. Arrivé à destination, on laissait le bœuf dans un « entre-deux », sorte de « parking » loué par la famille près de l'église. À midi les enfants se retrouvaient autour du bœuf pour leur repas: une tranche de pain noir et du lard frais...

LES FÈVES AU LARD

Pour 20 portions.

- 2 livres (900 g) de fèves
- 1 tasse (250 g) de mélasse
- 1/2 tasse (125 g) de cassonade (sucre brun)
- 1 c. à table de moutarde sèche
- 3 tranches de gros lard salé
- 1 oignon tranché
- Sel et poivre au goût

Rincer les fèves. Les faire tremper toute une nuit. Le lendemain, recouvrir les fèves et tous les autres ingrédients d'eau (dont celle du trempage) et cuire à feu doux pendant 4 h 1/2.

« La première chose que les enfants faisaient en rentrant à la maison, raconte Marie Louise, c'était de regarder ce qui cuisait sur le poêle à bois. L'odeur était pas mal plus alléchante que lorsqu'on met, comme aujourd'hui, la tête dans le réfrigérateur... »

L'OMELETTE SOUFFLÉE

Donne 55 portions.

- 7 ½ douzaines d'œufs
- 2 sacs de 1,33 l de lait
- 1/8 tasse de sel
- 3 c. à soupe de levure
- 3/8 tasse d'huile

Mélanger tous les ingrédients, verser dans un plat beurré allant au four et cuire à 350°C pendant 45 minutes. Bien laisser gonfler et dorer. Servir avec le ketchup du pionnier ou du sirop d'érable.

LE KETCHUP DU PIONNIER

Donne environ 5 gallons (20 litres ou 40 bocaux).

- 96 tomates moyennes coupées
- 24 pommes pelées, égrenées, coupées en quartiers
- 8 poires
- 24 pêches pelées, dénoyautées, coupées en quartiers
- 32 oignons hachés finement
- 28 branches de céleri hachées
- 28 tasses (7 kg) de sucre granulé
- 22 tasses (5,5 l) de vinaigre blanc
- 3/4 de tasse (200 g) de gros sel
- 1/2 bouteille (1/2 l) de sirop d'érable
- 1 bouquet garni

Laver les tomates et les plonger dans l'eau bouillante quelques minutes (elles seront plus faciles à peler). Enlever la peau et couper en quartiers. Laisser reposer toute une nuit dans une grande casserole, les recouvrir de gros sel. Le lendemain, faire chauffer jusqu'au point d'ébullition. Ajouter le reste des fruits, des légumes, le sucre, le vinaigre, le bouquet garni. Ajouter le sirop d'érable et cuire à feu doux, 40 minutes. Mélanger doucement pour que le ketchup n'attache pas, mais faire bien attention de ne pas briser les fruits.

LES CRÊPES AU SIROP D'ÉRABLE

Donne 40 crêpes, petites et épaisses (genre « pancake » américain).

- 1 pinte (1/2 l) de lait
- 3 tasses (750 g) de farine
- 3 c. à café de levure
- 2 c. à café de bicarbonate de soude
- 3 c. à café de sucre
- 1/2 c. à café de sel

Mélanger tous ces ingrédients.

- 3 œufs
- 3 c. à table de margarine

Mélanger ensemble, puis incorporer au premier mélange. Cuire dans une poêle beurrée de 6 pouces (15 cm) de diamètre. Servir chaudes, baignant dans le sirop. Tout le monde raffole de ces crêpes. On peut aussi bien les manger au petit-déjeuner le matin, que pour une collation après une après-midi de ski, ou le soir à la veillée. Autrefois, les crêpes étaient cuites directement sur le poêle à bois, dont les plaques étaient toujours tenues très propres et bien huilées.

GLOSSAIRE

- Bouilleur ou sucrier : celui qui fait le sirop.

- Bouilloire ou évaporateur : machine à bouillir l'eau d'érable servant à fabriquer le sirop d'érable.

- Bûcher : couper le bois.

- Caribou : boisson traditionnelle québécoise faite de vin rouge et d'alcool fort.

- Ceinture fléchée : ceinture traditionnelle québécoise tissée à la main, aux couleurs vives, portée par les Patriotes de 1837.

- Chaudière : seau.

- Colon : premier occupant d'une région qu'il défriche et met en valeur.

- *Cute* : mignon.

- Drave : transport du bois par flottage sur les rivières.

- Eau d'érable : sève de l'érable.

- Être pris de boisson : s'enivrer

- Gazou : « musique à bouche » ou harmonica.

- Goudrelle : planchette incurvée qui conduit l'eau d'érable de l'arbre à la chaudière. Remplacée plus tard par un chalumeau en aluminium.

- Habitants : cultivateurs, fermiers.

- Lune sucrée : dans le calendrier amérindien, mois du temps des sucres (mars ou avril).

- Oreille de crisse : grillades de lard salé. Se recroqueville et crisse en cuisant, d'où son nom évocateur.

- Poudrerie : neige légère que le vent fait voler.

- Rang : route de campagne, chemin bordé de fermes.

- Raquettes : sorte de grandes semelles que l'on porte pour marcher dans la neige.

- Se sucrer le bec : manger des sucreries.

- Tire : sirop d'érable épaissi que l'on verse chaud sur la neige et qui durcit. On enroule de ruban ainsi obtenu sur une baguette pour constituer une sorte de sucette.

- Tomahawk : hache amérindienne.

- Vent du Nordet : vent du nord-est.

- Whisky blanc : alcool éthylique de pomme de terre obtenu par distillation.

QUELQUES BELLES PENSÉES
de Pierre et d'autres...

- *Tout a été dit, mais pas par moi.*

- *Je suis devenu le berger de mes érables.
  (de mon ami Julos Beaucarne)*

- *Les érables sont les piliers de ma cathédrale.*

- *Je me ferai nuage et je flotterai vers le nord.*

- *Est bien fou du cerveau qui prétend contenter tout le monde.*

- *Les belles années courent dans les montagnes, courent dans les sentiers pleins d'oiseaux, pleins de fleurs.*

- *Excuses à l'Univers pour le peu d'espace qu'auraient paru occuper mes travaux et mes rêves. (Gilles Vigneault)*

- *Je me souviens d'un temps où je ne croyais pas que le temps me restait et aujourd'hui je me rends compte que le temps est relatif.*

- *Ma mère m'a fait comprendre le mot confiance.*

- *Et chacun recommence en y mettant son nom comme un héros qui a décidé une fois pour toutes de tirer de sa peur le pire et le meilleur.*

- *Passer de vie à trépas sans qu'on entende le bruit d'un pas.*

- *Mourir si délicatement qu'il n'y ait point d'enterrement, qu'on en oublie le testament.*
  Mourir si loin du cimetière qu'on en oublie les prières.
  Mourir si poliment que le vent même s'en aperçoive à peine. (Gilles Vigneault)

- *Ces gens des trains de banlieue, que font-ils de leurs petits dimanches ?*
  (Antoine de Saint-Exupéry)

- *Il ne faut pas avoir peur d'avoir peur.*

- *Ma forêt est habillée par un silence qui parle.*

- *Il faut ouvrir son cœur aux voyageurs.*

Et une recherche dans Google sur
« Pierre Faucher Sucrerie de la Montagne »
s'avérera des plus instructives…

Achevé d'imprimer le 20 février 2013,
sur les presses de Back Stage Média
à Montréal QC